永松茂久
Shigehisa Nagamatsu
著
張佳雯
譯

好主管的覺悟

黙っていても人がついてくる
リーダーの条件

本書中所謂的主管是指：

即便只有一位部屬，也會為他操心煩惱的人。

想要創造優質團隊。

想要跟好夥伴一起工作。

想要成為被追隨的主管。

這本書正是寫給有同樣想法的你。

世上最強的力量，
就是「吸引他人追隨的力量」。

理想的主管

「老闆，早安！」

一進辦公室，組員們立即放下手邊的工作聚集到我身邊，他們都是我信賴的最佳夥伴。

「對了，昨天的案子得再討論一下。」

我才說出口，馬上有人露出笑容拿出列印好的資料，內容正是針對昨天的問題所提出的完美對策。

其中一人說：「這是昨天工作結束後，我們開會討論的結果，請給予意見」。

大略看過之後根本不需要任何修改，跟我心中的想法完全吻合，應該說比我想得更好。

太好了，下次提案一定會大獲全勝。不知不覺中，即使沒有我在一旁盯著，他們就能夠做到這種程度，真的成長很多。

雖然沒有說出口，但一大早我的心中就滿溢著幸福，組員如此出色，其他的組長也都一直問我：「怎麼樣才能像你那組一樣有向心力？」

我自己也不知道理由，不過我希望能繼續跟這些組員一起工作，甚至覺得可以跟他們一起創造出傳說中的團隊。

看看隔壁的部門，氣氛截然不同，我同期的同事是隔壁部門的組長，總是臭著臉，與他相比我對自己的幸福感到有些抱歉，但我真的是很幸福的主管。團隊中一位擔任助理的成員來找我，她人美心善，是我們公司的偶像。

她說：「組長，今天晚上我們組有聚餐。您忘了嗎？」

啊，我想起來了。今天是月底的團隊聚餐日。我竟然忘得一乾二淨，還排了會議。

「沒關係。你們先去，就先開始喝吧。」

當然，不用等到我去才開席。

我迅速結束工作，直奔餐廳，以前的團隊都沒有這樣的聚會，即使偶爾舉辦一次，也只是徒具形式；但是這個聚會是團隊成員自發性的活動，會中完全沒有抱怨吐苦水，話題都是怎麼做才能讓工作更愉快。讓團隊成員能如此開心地聚會，也是幸福主管的必備條件吧。我推開大門，餐廳的侍者引導我到包廂。

「叭！叭！恭喜！」拉砲響了。

「雖然還沒有到，不過，組長，祝你生日快樂！」

原來如此，後天是我的生日，大家戴著生日帽迎接我，其中一個組員送上一張卡片，正中央寫著：

「組長，感謝你的誕生。

能跟你共事真的很棒！」

之後我就醒了，什麼嘛，原來是夢！正因為夢境如此美好，對照現實狀況讓我一大早就覺得好憂鬱。又是讓人煩躁的一天，部屬不爽的臉和抱怨是家常便飯，我怎麼會這麼不幸，其實我才是剛剛在夢中隔壁部門那位愁眉苦臉的組長，而擁有好團隊且一臉幸福的主角，其實是我同期的同事，有夠嘔，我竟然夢見自己變成他，簡直就像被重擊一拳一樣痛，每次看到他我都在想：

「為什麼那個傢伙這麼有號召力？」

「為什麼大家喜歡跟著那個傢伙？」

你也有部屬吧？會看這本書的人，應該都是需要帶人的主管。關於主管書籍，從以前就多如牛毛，可見不論哪個時代的主管都有類似的煩惱。

我現在以餐飲、演講、撰稿、團隊顧問為主軸，從事「人財」（本書特別這樣使用）育成工作，我碰過很多主管，他們最常問的就是：

「如何才能創造好的團隊？」

「如何才能讓部屬動起來？」

主管真正的煩惱在此，我自己也是，懷抱夢想創業的喜悅消退之後，隨之而來的就是操煩員工的問題。

「怎麼做才能讓大家跟著我？」在創業的頭三年，不分晝夜滿腦子都想著這件事，經常會有部屬沒有照著我指示的方向走，甚至根本就是朝反方向，即使大發雷霆也不見改善，讓人不禁想問：「你是故意這麼做的嗎？」

就算經過一番懇談與激勵之後，過了三天又故態復萌。我完全沒有辦法把心力集中在客戶和工作上。但是，他們卻在那些人生的導師，我非常尊敬的大恩人的教導下，搖身一變成為我夢想中的團隊。藉著這次寫書的機會，我很希望能將這套方法理論化。我現在是這麼認為的——

好的主管需要符合某些條件。

我目前仍是與第一線員工共事的現任主管，也就是說我的立場跟你一樣，這本書談的是經歷了十五年的主管人生之後，從實務經驗中所歸納出的主管的條件。

如果能有效活用這本書，一定可以幫助你創造出理想的團隊。請務必展書一讀。

正在煩惱的主管們！讓我們一起脫離負面的漩渦吧！

目錄

CONTENTS

第2章

打造精銳團隊的方法

第3章

為部屬的事情煩惱前，主管該知道的事——99

第 4 章

主管絕對不能做的事 131

第 5 章

主管與未來的主管都該知道的事 153

第 6 章

成為好主管的方法

人們願意追隨的主管

CHATPER 1

跟著你有什麼好處？

劈頭就這麼說有些突兀，但我想很實際地談談這件事情。

人都是為了利益而工作。

提到利益，你會想到什麼？利益一般可以區分為兩大類。一種是物質上的利益，像是可以拿到錢，可以吃到好吃的東西等等；另一種則是精神上的利益，例如被讚美、獲得認同、被溫柔的對待、成為友好同盟等等。

這本書我想談的是精神上的利益，物質上的利益很直接，有爆發性的效果，但也有極限，當物質的東西沒有了，關係也就終止了。從以前開始，優秀的主管往往非常清楚人最根本的欲求，且能夠洞悉人心，高明地使用精神上的利益。

人都渴望自我重要感得到滿足，做不到這一點就不會有人追隨。

什麼是自我重要感？一言以蔽之就是「希望被認同」，很多人都不知道這個道理，其實這是人類與生俱來最重要的本能。小孩子大聲哭泣是「希望你知道我要什麼」的表示；而想在工作上努力達成目標，也是想讓自我重要感獲得滿足。

我最近常常在想一件事——「人真的是最喜歡自我表現的生物」。為什麼要認真工作？主管為什麼想擴大公司規模？全都是為了突顯「我在這裡喔」的表現，與優劣無關，只是單純的事實。

前面一開始提到的精神利益其實就是滿足自我重要感的另一種說法。我透過演講、人財育成等工作，接觸過很多主管，過程中我發現：「人們會不會追隨你，端視你是否了解人的心理」的說法一點也不為過。

對主管而言，相較於自己的需求，就算不情願也要以滿足部屬的自我重要感為優先。「真希望部屬能夠再多做一點」——不管你怎麼抱怨，他們做的永遠跟你想的不一樣，主管應該先告訴大家利益在哪裡。

也就是說，首先要驅動的人不是部屬，而是你自己。

不要期待部屬會變成聽話的乖孩子，你要想想自己能為員工做些什麼，並且立刻開始行動。

部屬曾看過你的笑臉嗎？

你總是和顏悅色地對待部屬嗎？

你擁有部屬憧憬的特質嗎？

希望你能先審視自己，如果能提供利益，人們自然會喜歡你，一旦擁有這種「吸引別人喜歡你」的魅力，周圍的人才會聚集過來。

優秀的主管不需要是十項全能的天才，能吸引多少優秀的人，才是出色主管必要的條件。

對於你的員工、部屬、周圍的人，你能夠提供什麼利益嗎？

有魅力的主管，會經常挖掘自己的腳下

看到出色的人會想「變成那個人」，看到生意興隆的商店、業績很好的公司會很羨慕，這都是人之常情。但更重要的是之後的事，如果只是金玉其外敗絮其中，再閃亮的光輝也會瞬間消逝。我這麼認為——

魅力不能外求，也不在遠處，而是在你所站的地方，就沉睡在你的腳邊。

所以只要好好往下挖，其他人看到你挖到水井、找到寶物，自然會離開自己所處的地方，往你這邊聚集過來，看看是否可以分一杯羹，也在四周挖起來；但這並不會成為你永久的魅力和光芒，要重視周圍的人，這才是挖井真正的意義。

在公司跟你最親近的人是同事、部屬、上司、社長……。如果這些人本身不快樂，怎麼可能讓你的顧客快樂，這就好比說「我不能游一公尺，但是能游一公里」一樣矛盾。

你是不是能夠珍惜你所處的地方？

你能不能讓顧客開心？

你周圍的人幸福嗎？

我很敬重的一位經營者曾這樣說：「我希望能夠重視每個重要的人，

所以我不要隨便跟人見面」。乍聽之下會覺得：「這個人說話怎麼這麼奇怪」，但是相處之後就漸漸明白箇中道理。人的身體只有一個，不論時間上或物理上，能夠會面的人數實在有限，但是人的心卻可以無限寬廣，也就是說，感動可以沒有極限。

假設有兩種狀況，其一是你讓一個人感動一百次，其二是一次感動一百個人。理論上來說，感動的總數是一樣的，不過被感動一百次的人，之後會跟一百個人分享他的感動，如此一來，你的魅力也會藉著口耳相傳擴及到陌生的人群中。結果哪種狀況比較有利就不言可喻了。

工作上也是相同的道理，當人群大量湧現，還未充分教育員工就擴大事業，顧客的感動程度肯定會降低；而且負面效應不僅如此，應接不暇的客訴、因擴張產生的借款、員工的衝突、產品品質降低……各種問題恐怕都會如雪崩般接踵而來；相反的，如果跟你接觸的人，都能發自內心說：

「能遇見你真好。有這家公司真棒！」

那麼人群聚集到你周圍也就指日可待。重視身邊的人聽起來沒什麼大不了，但沒有比這個更確實的捷徑。魅力是在你現在所處的地方，為了眼前人們，不斷自我挖掘而產生的。這份想讓周圍的人更開心的心意，只要集中力量不但能「擴大」，更能「無限蔓延」。

請再一次好好注視自己的腳下吧。

職場和平比世界和平更重要

在德雷莎修女獲頒諾貝爾和平獎的記者會上，一位記者提出了問題。

「我們能為世界和平做些什麼？」

德雷莎修女笑著回答：

「今天請回家讓你的家人開心。」

這句話無疑是真理。主管，尤其是男性，往往都是看遠不看近，把家人、員工等重要的人丟在一旁，去追求遠大的夢想，但是如果你不能讓應該受到重視的人幸福，又怎麼可能為國家、世界等巨大複合體的人們帶來幸福？

這本書是寫給主管，所以就以職場來說明。平常就把員工的幸福視為首要之務的主管，職場的氣氛一定比較安穩，即使有時在公司之外的事物花費時間或精神，應該也不會有什麼人抱怨。可是如果平時在薪資上苛扣虧待員工，卻花大把鈔票在公司外部的公益活動沽名釣譽，手下的人一定會感到不滿。很多狀況下，組織的崩壞都是來自內部的不滿，而非外部的壓力。

「為了地方、國家，以及世界的和平舉辦大型活動」

活動本身當然立意甚佳，大型活動也能營造熱烈的氣氛，讓更多人感動，但是單靠表象的追求並不能產生真正的變化，要充實「內在」，讓你面前的員工或顧客感到幸福，你的影響力才能從地方慢慢擴大到全國。

或許有人認為外在改變之後，內涵自然就會跟著改變，就如同只要穿華服、開名車，心態就會跟著改變，身分地位也會提升，也就是「佛要金裝，人要衣裝」；但是這種方法其實比想像中不切實際，因為成長的改變若不是來自內在品行的磨鍊，就會逐漸偏離原本目的。「由內而外」指的是需要在真正的意義上產生巨大的轉變。

如果我告訴你，轉變的方法是「重視眼前的人」，你可能會感到洩氣，認為：「依你這種說法我什麼時後才會成功」，其實不用擔心，當你開始重視身邊的人，不可思議地，一個、二個、三個、四個，不知不覺中你的層次就會幡然改變。外在的提昇絕不只是因為努力改變造型，象由心生才是最主要的關鍵。

重視身邊每一個人，看起來像是繞遠路，實際上卻是最短的捷徑。由內而外鞏固團隊，才能讓組織長久興盛。

「一個人也要成功」的覺悟

「齊心協力」是很棒的一句話，但很遺憾，這句話僅適用於能獨立作業的人，彼此互相合作。

當你著手進行某件事，會不會吆喝：「喂，大家一起做吧？」我會，剛開始創業的時候，我曾邀請朋友共襄盛舉，不過頭一兩年，我自己完全不行，根本沒有人有興趣加入。「僅適用於能獨立作業的人」，就是當時跟前輩商談，對方給我的殘酷回覆，現在的我非常能了解這句話意思。

剛開始創業的時候，與其說齊心協力，還不如說我想要借重其他人的力量，「大家一起做」不過是冠冕堂皇的說法。希望「大家同心協力」的心態本身或許很好，但是抱持著「一個人也要成功」的覺悟更有魅力，其實只是擁有覺悟這一點就很迷人。

某一次，一個二十多歲的年輕人來拜訪我一位經營者朋友，希望自己主辦的活動能獲得協助。那天我剛好在場，年輕人本身非常優秀，連在旁邊看的我，都有種隨時要脫口說出「我來幫你」的衝動。

但是我的朋友卻不懷好意半開玩笑地說：「如果老子不想幫你怎麼辦？」

結果那位年輕人回答：「嗯，我懂了。我還會再來報告狀況。謝謝您寶貴的時間。」然後就他就釋然一笑，開始收拾東西準備離開。

「喂，你等一下啦。我知道了，我贊助你就是了。」朋友當下就簽了贊助的合約，情況演變至此，我都不知道是誰拜託誰了。他回去之後，我問朋友為什麼願意出資贊助，他這麼回答：

「唉，那個傢伙很有實力，如果被拒絕，一定也會靠自己的力量做下去。他雖然來要贊助，卻不卑不亢，不知道為什麼就讓人很想參與，如果不能幫忙反而變成我的損失。他雖然很年輕，卻很高明呀。」

我想要參加——能讓周遭的人說出這句話非常厲害，如果抱持著一個人也要成功的覺悟，其他人自然就會願意幫忙。

重要的事要保持神祕

假設你企劃一個活動，或是正準備舉辦集會。大多數的人第一個反應都會是「需要多少人幫忙？」「要多一點人知道才行」。

但是這邊有個陷阱：需要多少人或讓多一點人知道，充其量都只是數字，如果活動本身就很吸引人，消息本來就會自行擴散，如果擴散得不夠，再來想想該怎麼做，再挑戰就好。

因為價值觀分歧，人數愈多愈難統馭，身為主管的你，如果在為了某個目的而舉辦的活動或會議中，把精神都花在協調人際關係上，忽略了原本的初衷，就太可惜了。

那該怎麼做才好？**答案很簡單，就從少數有相同想法的人開始，然後盡心盡力感動這些成員**。一開始就把沒有幹勁的人，或持反對意見的人都拉進來只會徒增困擾，雖然人愈多愈熱鬧，但是真正成功的活動，具有由內向外發散的特質。不要想著怎麼讓別人理解，而是要跟能理解你的人一起共事，一開始的時候這樣就好。

我的公司每年都會舉辦鹿兒島之旅，藉由參觀知覽這個神風特攻隊起飛的地方，學習日本人固有的精神，名為「知覽 for you 研修櫻花祭」。這是每年都有超過四百人參加的大型研修活動，但最初只有我一個人而已，之後才慢慢有員工參加，除了活動本身令人感動，還能順道欣賞春天的櫻花。

這個活動在來店的顧客當中也形成口碑，第一屆組成了八十人的龐大賞花團。連知覽的人都嚇了一大跳，跟我說：「明年人數不要這麼多」。但是現場看到神風特攻隊遺書的感動在朋友之間擴散開來，隔年的報名人數反而增加到二百人。

「糟了，怎麼辦？」煩惱不已的我把狀況告訴知覽的工作人員，幸好也取得他們的諒解。承辦人員很親切地表示，既然來自全國各地的年輕人這麼有心，他們願意接待到一百五十人，雖然還特別交代「參加者超過這個人數真的就沒辦法受理了，所以明年不要再邀請朋友來參加了」，參加的人依舊在部落格上發表文章、互相討論，結果人數又繼續增加。

不希望參加人數增加其實還有另一個理由：雖然名為「櫻花祭」，但是活動的主要目的還是研修，對於我們來說，這場一年一度悼念神風特攻隊的亡靈，並彰顯其精神的研修活動，並不是為了旅遊享樂，不希望因為人數變多而削弱了「參加的初衷」，所以設定了名額限制，結果想要報名的人反而更多。在無計可施的情況下，只好跟知覽的人員討論，將參加者分成兩個梯次，於是就演變成現在分為新人組和一般組的活動形式。

事後回想，人數增加其實是幾個偶然重疊在一起造成的：一個是無計可施的情況下所做的名額限制；另一個是因為有名額限制，才能維持參加者的感動，讓口碑變得更好。

我將這個偶然從「櫻花祭」產生的模式稱為「天岩戶理論」。人類是

很不可思議的生物，充滿了好奇心，不用特別發出「來呀！來呀！」的邀約勸誘，只要默默做事且樂在其中，反而會挑起他人的興趣，就像躲在天岩戶中的天照大神一樣，想探出頭來偷看「你們在做什麼？」。

真正有魅力的事物會讓人群自動聚集。日本有句名言形容得很傳神：「守密方能花開」，指重要的事情要保持神祕，才有魅力。這件事也讓我了解到，相較於找一大堆人參加，還不如讓參加的人感動，才能讓活動變得更加盛大。

雨天也能自得其樂

能引導他人往好的方向前進的主管，總是能在當下的情境中，如遊戲般享樂。例如期待以久的活動在舉辦時受到突然的大雨等天氣的影響，不論是誰多少都會有點沮喪。

但是優秀的主管會在這種時候展現截然不同的作風。他會馬上開始思考「那應該如何處理？」因為再怎麼哭天搶地、唉聲嘆氣，都不能讓天氣放晴。能換個角度看事情的優秀主管，或許本來就比較務實。

人生也一樣。人生在世，一定會有無能為力的事情發生，重要的是要如何去面對，如何去享受。某位知名棒球選手，比賽成績遭到批評時，會有這樣的反應：

「別人要怎麼說我無法控制，所以也不會特別在意。我只在意我能控制的事情，就是明天站上打擊區該怎麼比賽、該怎麼打球。」

我認為他是人生的達人。任何事情都一樣，能夠享受的達人，即使看著同一塊田地，也能夠欣賞風景、畫成畫作、寫出俳句，不管狀況為何都能從容應對、加以活用。

「沒辦法，船到橋頭自然直」，當工作不順利的時候，可以將逆境當成一種學習，或當作是給自己放大假的機會，總之就是要將狀況導向好的的方向。如果無法享受逆境，對於目前的處境只會憤世嫉俗的抱怨、責怪他人、陷入憂鬱，這種人大概連去看演唱會或是到迪士尼樂園遊玩都不會感到快樂。

最近我們店裡舉辦了一場同學會，主辦人非常熱情，為了籌辦當天的活動，「讓來參加的人開心」，他多次來店與員工進行縝密的討論，使我們都相當期待活動當天的到來。

結果事與願違，當天出席人數只有預期的一半。承辦的員工很沮喪，對於缺席的人難免有些不滿的情緒。不過從這裡就看出主辦人出色的地方，他跟我說：

「老闆，實在對不起，只來了一半的人，原本規劃的活動無法舉行，不過我還是希望來參加的人能夠盡興，能不能幫忙改成即興表演？」

「當然沒問題。我們能做到的一定盡量做。」

我自然而然如此回答。遇到這種莫可奈何的狀況，主辦人不但一邊鼓勵其他企劃人員，還很用心地讓每位出席者都能盡情享受。身為一個主管我打從心裡佩服這位主辦人，通常事前這麼盡心盡力籌畫，面對這種結果都得花點時間才能調適心情。但是這位主辦人卻不一樣，活動全程對參加者以及企劃夥伴都很貼心，在派對結束後，臨別前他還說：

「果然辦活動總是會有意料之外的事情，沒有設想到這部分是我自己太天真了，今天真的很謝謝各位。」

作為一位主管或領導者，他的背影讓我非常難忘。

晴天有晴天的好，雨天有雨天的美。不管任何時候都能夠樂在其中，一定會吸引更多的人走向你。人生有風平浪靜之時，也有驚濤駭浪之日，仔細想想，每個人都有不同方式可以去接受面對，在此將我在痛苦的時候，能讓心頭輕鬆一點的魔法咒語送給大家。

「發生在自己身上的一切，都是讓人生豐富的精采娛樂」。

懂得消化自己的情緒

身為主管常會遭逢各種狀況，人是活的，在工作上光靠理論往往行不通。例如生活中遭遇不愉快，職場又發生衝突時，如果遷怒他人，散播負面情緒，只會突顯自己的氣量狹小。

之前我曾遇過一個典型的例子。我有一對姊弟朋友，底下約有五十名員工，姊姊比我小兩歲，弟弟又比姊姊小兩歲。姊姊很能幹，二十三歲就一個人創業，和弟弟兩人同心協力讓公司壯大。

姊姊是外表柔和的女性，常會讓人覺得：「啊？這個女生是公司老闆？」但她其實非常幹練；相較之下弟弟則是調皮搗蛋的小毛頭。

某一次她請我到公司，正當我在社長室跟她談話時，弟弟好像是跟客戶有些衝突，忽然臭著一張臉，氣呼呼地跑進來報告。

聽了一會兒之後，姊姊對弟弟下達指示，但弟弟完全聽不進去，結果姊姊開始對弟弟大發雷霆，我訝異地默默看著這對姐弟在我面前吵架，弟弟語氣相當尖銳，怒氣沖沖，姊姊也不遑多讓。

正當我想著「這下得要花點時間才能了結」的時候，另一位客戶進來了。前一秒還面目猙獰的姊姊，馬上笑容滿面迎接客戶：「哇，好久不見，歡迎歡迎」。

看她如此快速切換讓我十分驚訝，但弟弟怒氣未消就直接離開了社長室，公司裡的員工看到他都小心翼翼，不敢招惹，他那樣的表情出現在辦公室，其他人會有那樣的反應也是理所當然。

客戶走了之後，我對她說：「吵得那麼厲害還能迅速轉換，真不簡單。」她則回說：「因為這跟其他人一點關係都沒有，跟我吵架的是我弟弟，不需要影響其他人。」

一般人都比較願意跟隨情緒穩定的主管，安定感是能讓周圍的人安心的重要因素。主管的表情和情緒遠比主管自己想像的更能影響周圍的人，如果主管心情總是起起伏伏，某個程度來說比朝令夕改還要嚴重。我的人生導師總是這麼說：

「主管要懂得消化自己的情緒」

員工的安全感就來自於主管的安定感。

打造精銳團隊的方法

CHATPER 2

善用世界上最強的動機

會使人產生行動的動機，可大致區分為二種，或者說只有二種，一種是「愛」，另一種則是「恐懼」。

「愛」也可以說成是一種體貼，是以信賴為基礎與員工溝通；「恐懼」則是以命令、賞罰來管理。有魅力且受人愛戴主管，當然較常運用愛的動機，也就是說有愛的人會吸引他人。如果你使用愛的動機，周圍的人都會費盡心思讓你開心；相反地，如果你使用恐懼的動機，雖然別人表面會服從，但心中一定嫌惡不已。

這二種動機也常出現在戀愛關係、親子教養、工作商場之中，使用「恐懼」動機的典型想法，就是認為疾言厲色、暴力相向能讓戀人、妻子、小孩、部屬、後進依照自己的意思去做，在很多金字塔型的組織當中，這種傾向尤其顯著。

「反正你照我的話去做就對了，如果不做就會……」像這樣對部屬或後進採取近乎威脅的手法，即使不把話講白，只是讓對方了解下場有多慘，就能讓對方覺得受到威脅；有些認為金字塔組織比較好的人，基本上也都認同利用恐懼動機來維繫組織。

但是回顧歷史上的權力遞嬗，金字塔型組織通常無法長期維持，因為金字塔底層的人會成長，漸漸就會脫離恐懼動機的支配，當平衡崩解，金字塔結構也會跟著毀壞。而也正是因為想要保持金字塔型結構，才會走向崩壞一途。

反過來說，使用愛的動機不管組織結構如何改變都沒問題，因為工作理由是基於「我喜歡這個人」、「對社會有益處」等等。這種團隊就算不用從頭盯到尾，也不會往壞的方向發展，反而會漸漸擴大業務，對組織而言非常有魅力。世上最強的動機就是「因為我喜歡」。

「因為我喜歡這家公司」

「因為我喜歡朋友」

「因為我喜歡老闆」

人在社會生存有各種原則和框架，但是沒有比「因為我喜歡」更強的動機。換句話說也沒有比「讓人喜歡你」更有用的方法，你是以哪種方式待人接物呢？趁此機會好好審視一下自己吧。

將理念化為言語清楚說出來

我想問：你們公司有沒有把理念、行動、教條、規則等轉化為語言呢？如果沒有，我建議現在馬上就這麼做，因為對於主管來說，將概念和理念化為語言是非常重要的工作。

「為什麼會有這個團隊？」
「這個團隊會走向何方？」
「這個團隊要如何生存？」

將這些理念清楚傳達，才能吸引志同道合的夥伴；相反地，如果沒有將理念化為言語，就無法打造出理想團隊。雖說如此，我自己一開始也完全沒想到需要什麼理念或行動準則。只不過遇到很多優秀主管，發現將理念化為語言的重要性之後，才開始實行。在此介紹我們公司共同的理念和規定。希望能讓大家有比較清楚的概念。

＊（股）人財育成ＪＡＰＡＮ向陽之家

【理念】

Thank you & For you（感謝與利他）

【For you 宣言】

感謝我們的向陽之家能誕生在這個世界上，希望能對人們的喜樂有所貢獻，希望發現最好的自己，成為照亮別人的光芒。希望能培育出真正的領袖，讓日本光明有朝氣，希望能加深人與人之間的心靈羈絆，創造日本第一的利他文化。

【向陽之家與顧客的約定】

一　歡迎顧客的家人、朋友及戀人
二　提供安心、安全的商品
三　面帶笑容，精神飽滿地打招呼
四　以明亮整潔的店面迎接客人
五　竭盡所能為顧客創造最棒的時刻
歡迎光臨向陽之家

【向陽之家的八項規定】

一　遵守約定，不說謊

二　不道人長短，不抱怨

三　面帶笑容，精神飽滿地打招呼

四　不跟別人比較，專心朝向目標

五　不追求外在形象，要鍛鍊內涵

六　理解他人的心情，成為溫柔的人

七　成為所有人都感謝你的人

八　成為對任何事物都抱持正面看法，採取積極正向行動的人

以上八點，隨時徹底執行

這是我們公司的理念和規定，店長一定會跟面試後決定錄取的人員說明，並請對方朗誦一遍，畫面就像在私塾念書。你可能會想：「所有的員工都能實踐全部規定嗎？」

老實說並不是所有人都做得到，現在仍舊處於「目標階段」。但是我們公司每一位員工都會朗誦，日復一日說出口，自然而然會滲透到心裡，只是以此為目標，就能讓員工的行動產生大幅度的改變。

以前完全沒有像這樣的理念和規定，所以行動基準只能依賴員工們在自然的情境下所培養出來的價值觀。有時候雖然會想指責他人：「你這傢伙有沒有常識啊！」但每個人的常識其實都不一樣。

主管應該負起責任讓理念可以清楚明白地寫下來。「我們的團隊是這樣的組織，您願意加入我們嗎？」有了明確的理念，僱用新進人員時，對方也會認真的思考。如果答案是YES，你絕對可以期待對方擁有正確的態度。

此外，理念雖然是為了讓團隊順暢運作而存在，但也會出現相反的狀況，也有團隊是為了實現理念而存在。「究竟為了什麼？」**比起夢想，人只在有意義，也就是清楚了解自己存在意義時，才會有自主的行動。比起「你想往哪裡去？」更重要的是「你為什麼要這麼做？」**

理念的達成並不是一蹴可幾，而是透過耳濡目染，逐步接近，不論能不能達成，最重要的是身為主管的你，必須身先士卒努力實踐。請好好思考，務必找出你的理念。

捨棄主管的虛榮

你知道英國海軍和陸軍差別在哪裡嗎？

我最近才知道，在執行命令時，兩個軍種主管的態度完全不一樣。陸軍的將領會跟部屬一起到前線執行任務；相較之下，海軍的將領則不會離開指揮的崗位，會授權給部屬，一邊觀察整體狀況一邊下令。

陸軍的士兵如果沒有在前線看到將領，就會開始抱怨並影響進度，所以將領都必須帶頭前進；但是海軍卻沒有人會發牢騷，並且會對將領的指揮言聽計從，所以不需要將領親臨前線。會什麼會出現這樣的差異？答案只有一個。

陸軍是徵兵制，就是徵召而來的團隊，而海軍則是採用募兵制。

也就是說兩者的差別在於動機是「被徵召而來」還是「自己自願參加的」。一般都認為「主管必須身為表率才能服眾。一定最早到、最晚走，才是理想的主管。」但這種看法如果套用在募兵制或徵兵制意義就完全不同。以徵兵制來說，這句話或許是對的；但是對於募兵制而言，部屬反而會讓主管去做他該做的事情。

兩者差別在於兩者動機完全不同。「如果團隊的成員都是自願者就好了，就不需要這麼煩惱。」你可能會這麼想，而實際上這也不無可能，如果能培養出讓人想在你的底下工作的領導魅力，就有可能打造全員皆為自願者的團隊。

困難在於魅力無法外加，而必須深掘，如果你身邊的人真的以你為傲，那透過口耳相傳一定能找到很多自願者。有什麼會妨礙自願軍的組成呢？

最主要的因素只有一個，就是主管的虛榮和自以為是。

欺騙周遭的人以不合理的方式擴大事業，在團隊成員和顧客的需求都無法滿足的情況下，就去做一些浮誇的投資，行動時腦袋裡只有自己、不考慮別人、態度傲慢等等，這些作為都會讓組織從內部開始崩壞，造成人手不足、捉襟見肘的窘境。

此外，沒有幹勁的人也會造成嚴重破壞，會使應該專心朝向目標前進的主管，變成只是鼓舞士氣的啦啦隊，導致團隊停滯不前。人都會往有人氣、讓人覺得自在的地方聚集，在你培養出足夠的涵養之前，切忌過於虛榮而招致失敗。

俗話說：「強將手下無弱兵」，有人自願跟隨正是有魅力的證據。

培養優秀的副手

我們的總公司位於大分縣中津市，很靠近福岡，鄰近有個城鎮叫豐前町，那邊有一間非常有趣的整骨院。

一般來說整骨院為了矯治骨骼的歪斜，會捏捏腰、拉拉腿、按摩骨頭，進行各種治療；但是這家整骨院卻不做這些事情，整個療程只需要三分鐘，卻能讓閃到的腰馬上痊癒，身體也不再痠痛，所以福岡的員工會花二小時跑去治療，透過口耳相傳，很多人都聞風而至。

我剛開始去治療的時候，也是覺得「啊？就這樣？」但是去了好幾家整骨院都治不好的疼痛，隔天竟然神奇地痊癒了，簡直就像魔法一樣。這家整骨院做了什麼？

我不是專家，所以可能無法解釋得很清楚，反正就是先讓患者橫躺在床上，頭部枕在稍高的枕頭上，之後全身放鬆，枕頭的部分會「喀鏘」一聲往下降。衝擊力不大，也不會痛，接著就躺三十分鐘。

由於實在太不可思議，我就問治療師為什麼這樣就能解除疼痛，他告訴我：人類頭部的是由頸部支撐，兩者交接處的骨頭，稱為第一頸椎，只要調整支撐頭部的這個部位，就能產生自然的治癒能力，矯正脊椎歪斜，恢復正常狀態。本書不是醫學書籍，所以寫到這裡。

但我想第一頸椎的重要性，也可以用於比喻團隊。要讓主管能專事其職，最需要的人財就是優秀的副手。這並不是新的理論，教領導學的時候一定會被提到，第二把交椅、參謀常會用「副手或左右手」來稱呼，但其實用「第一頸椎」，或是指揮身體一切動作的「脊椎」稱呼可能更為貼切。

主管跟副手的互動、交談非常重要，要格外用心，只要能透過這些作為矯正歪斜，就能讓組織煥然一新。

當然在第一線工作的人也很重要，不過那是現場負責人的管轄範圍。對你而言誰是副手？有些人可能是妻子，有些人則是總經理。如果你是店長，那副店長就相當於這個位置。很遺憾地如果兩人處不好，你的理念就會無法往下傳播。能夠創造堅強團隊的主管，一定有優秀副手，而且能與副手維持良好的關係。

你有沒有優秀的參謀？

對於他的價值你是否已給予足夠的重視？

讓現有的部屬能力倍增

我不是個很有才華的人，但是經營公司十五年來，卻有一件讓我可以自信地說「自己很厲害」的事情。

那就是「發掘別人的專長」。

我最近才意識到自己一直在使用這項技能。剛開始經營章魚燒店時，我總是不放心把事情交給別人，凡事都自己來，當我意識到「很多人都比我優秀」，我才慢慢開始劃分權責設置負責人，授權讓別人管理。

料理就交給會做菜的人、接待就交給喜歡跟人互動的人、POP製作就交給最有行銷概念的人，至於書本的編輯，當然就交給最愛看書的人，而設計就交給被其他設計公司炒魷魚，不得已淪落到我們店裡來打工的人。

現在我們公司提供的服務包含書籍製作、餐飲店裝潢設計、菜單企劃、演講活動攝影和影像編輯、攝影師派遣、作者品牌行銷、舉辦研討會、大型研修活動等等。從章魚燒店開始，已經拓展到超出一般人想像的領域，而且全都是店裡及事務所的工作人員齊心協力「共同經營」的成果。

各行各業的經營者常問我：「這些人才是透過挖角找來的嗎？」我不曾做過這種事，他們全部都是自己前來應徵。人面對自己真正喜歡的事情會非常認真。能用自己專長讓別人開心，還能賺到錢，就更能感受到工作的意義。

仔細想想，不管是什麼人，不論是什麼樣的專家，一開始都是外行人。除非是非常特殊的技能，不然沒有做不到的事。任何人能成為某個領域的領導者，成為主角。

我絕不挖角是有原因的，因為透過「徵兵制」找員工，會讓公司的立場相對薄弱。只要對方說出「是你找我來的」，你根本沒得反駁。我一直很納悶，為何有經營者會從其他知名企業挖角高階主管，給與董事長、董事等重要的職銜。

對挖角來的人委以重任，等於是突然空降一個大家都不認識的上司，到一直為公司奉獻的員工頭上，即使他們不喜歡，也只能低頭。我並不想用這種方式來擴大公司規模。如果缺少這些人公司就無法壯大，那是身為經營者的我能力不足。即使不這麼做，只要能抱持以下的立場：

「讓現有員工的能力發揮到極限」

很多人都會變得更有幹勁，能力也能更加提昇。正因為有這種主管，員工才願意跟隨，公司怎麼能不興盛？

我說過很多次，魅力就沉睡在你的腳邊，有魅力的主管，才有追隨者。

優秀的員工毋須外求，因為現在的成員就足以贏得勝利。

兵貴精，而不在多

很多主管都單純的以為，只要聚集有潛力的人，就能創造強而有力的團隊，不過事實上並非如此，有潛力的人不但無法組成超強的團隊，還可能因為每個人都很強勢而產生衝突。要如何才能打造真正的精銳團隊呢？

答案就是減少人數。

簡單地說，如果現在的工作原本由八個人做，那就交給六個人來做，負擔當然會比之前來得重，也會有人心生不滿，這樣一來大概會走掉二個人，接著就剩下四個人，雖然剛開始你會認為這樣不行，但面對不得不做的情況，人自然會調整出配合人數做事的方法，每個人的能力都會因此被活化，生產力也會提升。

我自己曾經歷過這樣的事情，剛剛提的例子，實際上就是我們店的例子。在我經營的店裡忙得不可開交的時候，突然有兩個工讀生辭職，「慘了，變成六個人了！」當時的店長非常焦慮，但是我們店鋪位於大分縣的中津市，不是馬上就能找到人頂替的都會區，所以只好六個人硬著頭皮繼續做下去。

可是過了不久，又有兩個人覺得「太累」而離開，現在人數只剩一半，但還是只能繼續做下去。不過奇妙的事情發生了！本來任何人都覺得鐵定不可能維持，但我們四個人竟然讓店鋪順利運作。

我和店長比平常更勤於拜訪客戶，努力維持生意，原本只用一口爐子做菜的廚師，變成可以用二口爐子同時料理；油炸料理和鐵板料理本來是二個人分開做，現在一個人就搞定了。換句或說，人數雖然減半，生產力卻提升了一倍，而且還產生讓人開心的附加效果，因為動作變快的關係，雖然只剩一半的人，店裡的氣氛反而更加活潑。

當了解到「什麼嘛～原來辦得到」之後，現在的標準反而變成理所當然，即使有新的工讀生加入，也必須套用這個標準，一個人同時用二口爐子做油炸料理和鐵板料理。因為留下來的都是有幹勁的人，工作氣氛也變好了，當然人還是有物理極限，不過能力真的都比想像中來得高。

不是把能力好的人聚集在一起就能成為少數精銳，而是以精簡的人力進行挑戰，才能成為少數精銳。

你的團隊又如何呢？

如果人數太多，減少人數或許也是一個方法。

工作就交給擅長的人去做

「我學做麵包和蛋糕已經十年了，可以把甜點交給我負責嗎？我能做出女生絕對想吃的甜點，一定可以把這家店變成受女孩子歡迎的人氣商店。」

十二年前，結束章魚燒店，開了第一家向陽之家餐廳沒多久，有一個員工這樣跟我說。老實說當時的我完全沒有把他的話聽進去，雖然最後還是敗給了這個員工的韌性，把甜點加到菜單中。不過有點「那就試試看吧」的味道，並不是真心認為他會成功。

結果甜點菜單非常出色，產生了很多現在是招牌甜點的暢銷商品。看到這個結果的時候，我這麼想：「以後我可以不用再給意見了。」以往菜單都是以我的意見為主，今後不需要了，要試著放手讓有興趣的員工去做，我決定只要當個店鋪的管理人，簡單的說就是類似房東的角色。不同領域的事情，就交給各個領域專門的人去做。

我嘗試尊重員工熱衷的事物，並致力於創造可以自由發揮創意的環境。以前的我無法忍受自己不能掌控全局，完全無法授權給別人。你周遭是不是也有像我這樣的人？

經常看到組織的管理階層煩惱無法把工作交給下屬，雖然不能一竿子打翻一船人，不過不能授權的理由，或許是下意識認為：「什麼事自己都能做得比別人好」。

誰都會有好點子，但很多都會被主管駁回。這種只會反對菜鳥員工好點子的主管，會讓公司變成只能守著安全卻無趣界線的企業，讓菜鳥員工失去幹勁，只做可有可無的工作。

過於突顯「我」的主管會讓組織僵化。把工作交給擅長的人去做，一起讚賞別人的好點子，創造出具有彈性與包容力的團隊，才能讓你的成員工作得很幸福，沒有什麼比這更好的做法。

請試著把「我」丟在一邊，逐步把工作交給員工，尊重他們提出的想法，就可能激發出意想不到的絕佳創意或行動。主管不是萬能。只有捨棄「我」，才能組織迅速產生正向的循環。如果你是經營者或是主管，可能不夠勇敢，可能有很多不安，但是請務必試試看。

因為工作還有團隊都一定會因此變得更有趣。

別跟部屬搶工作

想要比現在更成功很簡單。只要善用目前的人力即可。自己一個人埋頭苦幹不會做得更好。一直都兢兢業業的你，或許對於依賴別人有些抗拒，但是我想要傳達的是：

你得改變想法，你並不是「依賴別人」，而是「善用人才」

換句話說你在提供機會，善用人力，能讓最有才能的人被活化。有施必有得，你只要提供機會，就「可以幫助他人提升層次」。從這個角度思考，你只要創造可以讓周遭的人發揮所長的環境，就能獲得成功。

「依賴」這種想法可能會讓人覺得不舒服，但是如果從善用人才的角度來看，就該多給對方機會。即使自己做可能比較快，也要多給部屬或新進員工機會，把工作交給他們，他們受到託付，一定會努力回報。

主管不應該什麼事都親力親為，還自滿「全都是我做的」，反而應該經常說：「這都是拜這個人所賜、託這個人的福」，被提及的人會很開心，這是再好不過的事。

受到稱讚的人會產生「為了這個人要加倍努力」的鬥志而更加認真。

尤其是平常不太受到注意的年輕人，當有人給他們機會，他們會非常感激。把機會讓給別人，說句「這項工作拜託你了」，就跟「我對你很期待，要加油喔！」一樣能讓別人因此受到鼓舞。

成功的主管都知道這個方法。善用人才不但會使自己，也會讓周遭的人變得幸福。如果因為「交給別人做我很不安」、「那樣做不就是自己都沒有出力嗎」這類的想法，一個人埋頭苦幹，總有一天會受不了。

不要拘泥於你現有的名譽地位，或只想著自己的功勞，請讓自己成為「能善用人才」、擁有寬宏氣度的人。

在部屬發現自己的失敗前忍住不多嘴

善於培育部屬的主管，共通點就是不會說太多細節；反過來說，如果主管什麼事都鉅細靡遺地交代，部屬恐怕難以成長。

以親子關係來打個比方。父母有二種類型，一種是不論大小事都要下指令，另一種是除了重點事項之外不會干涉。指揮型的父母和主管的主張就像是「反正不要跌倒就對了」、「跌倒受傷了怎麼辦」，聽起來或許不無道理，但你知道嗎？有這種雙親或主管的孩子（部屬）很容易變成一直在等待指令。

人是慣性的動物，自然會變成這樣，但小孩子也就算了，萬一長大成人出社會後還維持這種心態，到公司上班就會變成需要指示才會做事的人。聰明伶俐或被訓練得很好的部屬，很多事不用別人多說自己就能理解，他們會用自己的腦袋思考，事先準備對方想要的東西。成功也好，失敗也罷，思考過後的行動才會讓人成長。

不會每件事都下指示的上司會說：「要跌倒了我會知道」，並會放手讓部屬去做，就算部屬摔跤也會保護他們不受到致命的傷害，這正是培育人財（可視為珍寶的人）的秘訣。即使知道會失敗，在部屬自己發現之前，也要忍住不多說，這是身為上司最基本的態度，這一點一定要做到。

我曾聽過這樣的例子。有位擁有十幾家餐廳的社長，展店的企劃百分之百都是來自於員工，有些時候這位社長在企劃階段就知道這樣開店會失敗，但是員工們往往會說：「我們一定會讓這家店成功。我們辦得到的！」完全聽不進其他人的建議。

這位社長會讓員工實際開店，開始營業後，為了改善客戶日漸減少的狀況而開會時，他也都會在還可以承受，或經費允許的範圍內，忍住不插手。但是員工卻會開口求援：「對不起，我們怎麼想也無法突破。社長，請指點一下吧！」這時候他才會開始動作。

因為實力不足而受到打擊的員工，反而會放下自尊，全部按照社長所說的去做，結果那家店過幾個月後就變得生意興隆了。這是個讓人驚嘆的案例，那位社長曾這麼說：

「我一開始就知道他們會失敗，即使有損失也算是幫員工繳學費。與其讓他們去參加課程，還不如實際嘗試創業的艱辛，對於往後漫長的職涯來說是難能可貴的體驗。假以時日他們都會變成箇中好手，我非常期待。」

這段話真是精采，能在度量這麼大的主管底下學習的員工真幸福。當然一般企業恐怕沒有這種餘裕，但是利用這種方式培養人才，還能兼顧獲利，才是主管的真本事。

以讓大家都開心的事情為目標

你的團隊有共同的目標嗎？類似這種「實現之後可以造福很多人」，每個成員都能體會的目標。

主管必須區分個人目標與團隊目標。並以達成團隊目標為優先。目標的形式不拘，但必須是全員可以參與，並且實現之後每個人都能受惠，這樣大家才會認真看待。

不是任何人都知道該怎麼設定目標。有人深諳此道，有人並不擅長。主管的個性大都喜歡先聲奪人，因為要搶先別人，所以往往較有想像力。

如果誰都可以簡簡單單就設定目標，那就不需要主管了。

設定目標的人、協助達成目標的人以及目標對象本身，是當一個團隊要共同做一件事的時候，最低限度的三個條件。

假如你是主管，跟員工說你的個人目標是「想開高級車！」即使你這個目標實現了，其他人也不會打從心底覺得高興。

「好好喔！」「好帥喔，有一天我也想要……」有些人可能會這麼想，不過這樣的人現在也不多了，尤其是時下的年輕人，對物欲沒有那麼執著。他們更想要的是成就感、充實感，以及衍生而出的參與感和羈絆。

什麼是團隊目標？用最淺顯易懂的方式來舉例，以物質而言，如獲利增加就有獎金或能夠加薪，提高員工旅遊的等級等等。等到團隊更為成熟後，就可以立定具有使命感的志向，如：讓公司更穩健強大並活化社區。

目標有二種。

一種是實現後只有自己會開心的目標，夢想＋利己＝野心。

另一種是實現後大家都會開心的目標，夢想＋眾人的夢想＝抱負。

這邊想說的並非「主管要以清貧為志向」，也不是要忽略自己的夢想。但是你要先讓身邊的人幸福，再去實現自己的夢想。有些人可能會有「我自己幸福了才能造福其他人」的想法，如果主管說出這種話來，身邊的人應該會覺得心寒。

主管的生存方式就像點蠟燭，從近處開始點火，再慢慢讓周遭也變得明亮，但最終你所處的中心位置會變得最耀眼。

請好好思考達成後會讓眾人開心的目標。

重視支持你的人

現今的時代，廣告宣傳已從大眾媒體轉向小眾，偏向個人的傳播能力。個人在社群網站上分享的事物，或是團體之中口耳相傳的訊息，會掀起浪潮而造成流行，然後成為文化，這樣時代已經來臨。今後只要能夠掌握三個「F」的主管就能勝出。

第一個「F」是「Fans」。代表支持你的人、幫助你的人。

第二個「F」是「Friend」。代表你的好友和夥伴。

第三個「F」是「Family」。以商業的角度來說，就是你在職場或組

織裡最親近的人，要重視他們，你的生意才會壯大。

這三個「F」，代表你能吸引多少人到自己身邊，無疑是事業成功的關鍵。因為在教育體系及文化變遷下，人際關係已經漸漸從縱向、社會既定框架的連結，轉變成為橫向因為共鳴或感動而產生的社群。說得更詳細一些，這股風潮代表人們已經從重視場面話演進成為重視真心話，人的生存方式也開始有所改變。

原本認為「大樹底下好遮陰」的大企業三兩下就分崩離析的例子不勝枚舉，很多人開始重新審視自己的生活模式和工作方式。特別是在書籍乏人問津的年代，卻不斷推出重新評估自己的生存方式、工作模式的作品，可見人心有多麼不安。從社會架構的人際關係轉變為以共鳴為主的人際關係的角度來看，擁有自己的生存方式、抱負、表現方法，將是主管必備的條件。

與你身邊的支持者、朋友、家人這三個「F」產生共鳴的商業模式一定會降臨。利用大型建設集客的模式，如以前非常盛行的日本商店街的拱廊政策、大型商業設施開發等等，都是充實可見的規模。這種模式的做法就像是舉辦大型活動，以招攬多少客人為評估價值的基準，而且似乎暗示只要外觀富麗堂皇就能吸引群眾。

外觀當然很重要，人們第一眼都會看到包裝，而不是內在，但是繼續看下去，還是內容比較重要。以後的時代，將會是「由內向外」轉變的時代，這股風潮將持續擴散。例如商店街辦活動很重要，但讓每個店家改變想法更重要；或是在批評國家政策和政治人物之前，也應該先想想自己為國家做了什麼。不要把客人不光顧的原因歸咎於店鋪外觀或景氣，老闆自己要改變，員工也要改變。尤其在商場上，經營者、店長等主管的想法改變，業績才能大幅成長。

說得更清楚一點，主管不改變，團隊就不會改變。

主管要自我砥礪。看書、學習、尋求良師，然後加以實踐，你的態度會對員工產生影響，使他們感動，進而採取跟你一樣的態度。你的影響力愈大，你對員工說話或讚美的力量就愈大。你愈成長，就愈能提升員工的自我重要感。

人們不會離開能幫助他們提昇重要感的主管，甚至會比你更重視公司。能讓好員工聚集才能讓顧客聚集，員工用心提供服務，會讓客人一試成主顧，進而成為朋友、家人，還會將你的魅力傳播出去。

不管哪個時代，人都會聚集在有魅力的地方。你周圍的改變，都是從你的心開始。

為部屬的事情煩惱前，主管該知道的事

CHATPER 2

刻意保持鈍感的人才會成功

不會看場面，或是不了解部屬的心情，無法成為好的主管，但是如果太注意場面，太在乎別人的感受，該講的話說不出口，也不適合當主管。

鈍感力這個辭彙之前在日本非常流行，往往被解讀成「鈍感的人會成功」，但事實上並非如此，應該是「刻意鈍感的人會成功」才對。真正鈍感的人會傷害身邊的人，畢竟主管還是要能確實掌握員工的個性、狀態與行為模式。但是如果在工作上要讓所有的部屬都能認同，那就會像東飄西蕩的船隻失去方向，有時候即使知道他們的心情，也要裝作遲鈍加以忽視。

「我不能接受！」你是不是也遇過經常會說這種話的員工？我想有經驗的人就會知道，這種個性的人不管主管決定什麼方向，他都會唱反調，如果要奉陪到底，只會讓主管身心俱疲，所以希望主管能培養出設置停損點的能力。

近來似乎出現很多患有憂鬱症的主管，有次聽精神科醫師跟我說，這些主管煩惱的源頭多半來自於和部屬的關係。「什麼？上司的煩惱來自部屬？」聽到他這麼說時，我忍不住反問，而事實上他的病患中，有不少對部屬感到很頭痛的人。也有不少因為師生關係的困擾前來就診的老師。看來溫柔的管理者真的變多了。

提升員工們的自我重要感是一回事，但不是什麼事都說「好」就能提高重要感，平復員工的不滿情緒不是主管的工作；相反地，看到不滿的表情，可以視而不見，有時候還可以故意反問：「咦？你不開心啊？有什麼不滿要說出來喔！」做到這一點也很重要，培育下屬的過程一定要拉出一條「就這一點不能退讓」的界線。

主管們，不要讓蠻橫無理的反抗耽誤你太多時間。

別讓只會反對的人進入核心

古時候中國皇帝的身邊會有幾位類似軍師的人物，負責討論軍事策略或官員任用，並提出建言，就像是日本大河劇主角軍師黑田官兵衛的副手。優秀的部屬能讓主管的能力有更大的發揮，所以在日本也會將能貫徹主管意志的部屬視為重寶，但這樣的部屬還是必須符合以下的條件：

不管討論有多熱烈，當主管做出和自己想法相左的決定時，即使有反對意見，也必須絕對服從，這是鐵則，如果不能服，就不能勝任副手的工作。

實際執行的過程中，一直抱持反對意見的人只會扯團隊的後腿。主管說往右的時候，會跟下面的人說「應該要往左」、「老闆都不懂」的人，是叛亂份子，也不能擔任副手。

作為部屬，如果主管真的有錯，也不能當著其他同仁面前指出來，而應私下與主管單獨談。掌舵的人太多，反而會讓船偏離航道，最終的決定還是交由主管去做。

還有更難處理的狀況，就是你不知道怎麼應付的員工。這種人對於主管還有團隊的決定，總是有很多不滿，也不會照著做，不管什麼事情都抱持反對意見，如果深入探究理由，多半都是因為本身很任性。如果主管在這時候說：「也需要反對的人」，那其他人就會無所適從，可能會引起大混亂。如果對方不能聽主管的話，那就靜靜地請他離開，這樣對雙方都好。

努力的人要有獎賞，偷懶的人也要處罰，這樣團隊內才有公平的基準。該作切割的時候，不管對方是不是皇親國戚，也要確切告知理由，請他離開。如果不這麼做，對方一定不會心服口服。要做得到這件事才稱得上真正的主管。聽取各方的意見很重要，但不表示任何無理的意見都要聽。

不要被個人的情感所限制，要綜觀全局，做出對團隊最好的決定。這是主管的職責，而推展主管的方針，並加以實踐導出成果，就是部屬的責任了。

別浪費時間在沒有幹勁的人身上

「要讓沒幹勁的人充滿幹勁」，聽起來是很棒的一句話，但只能適用於學生。公司可不是學校，如果是付錢來學習的學生也就罷了，上班是領錢的，狀況完全不同。有幹勁是基本的禮貌。

近來日本出現一股風潮，對於能激發工作熱情的主管都給予正面肯定。能夠這樣做當然也很好，但是除此之外，主管還有很多該做的事情：要獲取利益、要讓員工看得見未來、要對社會有貢獻……等等多到數不完。**說起來可能有點殘酷，為了其他人好，某種程度上必須放棄，否則可能會因為一個人，影響了其他辛勤工作者的士氣。**

在這裡我想特別指出，學校有作育英才的使命，工作的使命是做出對社會有貢獻的事，兩者前提完全不同。

十個人之中大概有九個人，或把標準放寬一點，十個人之中有八個人，大致上一開始就不會發生任何問題。說得更簡單一點。十個人之中，可能會有一兩個有戲劇性的變化、可能會急速成長，不過以常理來看，優秀的員工，不管是人品或工作能力，通常一開始都很優秀。

主管說這種話好像不太恰當，但我真的這麼認為，需要特別照顧的人，即使有時候突然變好，最後也會因為相同的問題跌跤。江山易改，本性難移。

有人可能會覺得這種說法太冷血，認為「沒這回事。『任何人』都可以改變！」一直都在當主管的你，真的能發自內心說出這句話嗎？傾聽一下自己內心真正的聲音吧。

另外還有一種情況也要注意：

沒有幹勁的人是個問題，但是一開始就衝過頭的人，也不能掉以輕心。

「有幹勁怎麼會有問題！」很多人可能會有同樣的疑問。但是我在公司面試的時候碰到這種人，都會慎重考慮要不要錄用。面試的時候不論是誰情緒都會比較亢奮，有人卻會興奮過頭，還是自然就好。雖然對工作有熱情，但是有點缺乏自信的人反而會在適應環境之後開始發揮實力，而且大多能待很久。當然這世上也有一部份的人是天才，無法以偏概全，只是提出我的看法供大家參考。

不管哪種狀況，主管絕對需要有識人之明，即使技術比部屬高超，如果眼光不如部屬，恐怕也無法勝任主管的工作。培養識人的眼光的方法，需要經驗、對人的興趣，以及對人類歷史知識的學習。

別跟著被寵壞的員工起舞

創業時期真的會遇到形形色色的人，每天都像在打仗，其中還有情緒非常不穩定，一碰到事情就離家出走、讓雙親擔心的員工，每次接到他父母打來的電話，店裡所有人都會到中津街上幫忙找人。

某天中津當地的米店大亨，也是我很敬重的的藤本照雅社長（大家都稱他照社長）到向陽之家來玩，我便向他討教怎麼處理那位員工，照社長這樣回答：

「不用找他，在他想回家之前就由他去吧！」

雖然這是照社長個人的見解，大家還是可以當作一個參考的例子。離家出走、工作時委靡不振的類型，大多是被寵壞了。年輕人常出現一些狀況，諸如被女孩子甩了、在學校被罵、跟朋友吵架等等。但是只要來上班，就該好好工作。主管不給薪水當然要被譴責，但是領了薪水卻不好好工作的人同樣惡質。

聽照社長這麼說，我就不再去找那位翹家少年。而對於愛耍脾氣、或是容易垂頭喪氣的員工，我也採用了以下的對策。

「我們這家店的賣點是開放式廚房和微笑。可是你們工作時卻一臉陰沉，本來客人是來看喜劇的，結果看到的卻是悲劇，這也太奇怪了。如果心情不好，在擺不出笑臉之前，都先給我待在準備室裡面。」

雖然帶有強迫意味，我還是要求幹部確實執行，之後這些愛耍脾氣、或是容易垂頭喪氣的員工也有了改變，他們心情沮喪的時候豈止沒有人安慰，還會被趕到準備室，這促使他們感受到某種危機。

很多年輕員工有這類「公主病」或「王子病」。

他們把別人對他們的照顧與遷就視為理所當然。如果沒有受到關照，就只有二種反應：一種是離開那個地方，再找下一個會照顧自己的人，另一種則是要你照他的想法去做。

假如你在責備部屬時。除非你說了太奇怪的事情，那就另當別論，不然對於他們的牢騷你最好不予理會。

發牢騷也是一種習慣。如果逃避不去處理，這種不良嗜好不但不會好，還會更加惡化。這真的很難拿捏，但也不應該被拉過去。

水不夠植物會枯萎，雖說如此，水澆太多也會腐爛。這就是驕縱的結構。

服務業最重視笑容，但「心情不好就笑不出來」的人、總是指責別人，認為「自己都沒錯，都是別人的錯」的人、只在乎自己，認為「公司理念跟自己一點關係也沒有，自己的原則才重要」的人。

任由這類似是而非的道理無限上綱本身就有問題，如果還任由抱持這類歪理的人在公司內肆無忌憚、橫行無阻，那表示環境也有問題。

創造出不會產生驕縱員工的環境，是主管的重要責任。

先做「該做的事」而不是「想做的事」

「想做的事就去做」已經變成流行語了。雖然是時代潮流，但是支撐日本戰後經濟成長的人如果穿越時空到現代聽到這番話，一定會昏倒。

時代在改變，每個時代有每個時代的流行和風氣，想做的事情就去做，人生可能比較快樂，現在如果不說「去做想做的事情」，恐怕有很多人會辭職，所以有很多主管會有技巧的使用這句話。雖然有的人是真心如此認為，但是大多數的主管恐怕內心並不這麼想。

經歷經濟高度成長期，在泡沫經濟前後，日本教育有了顯著的改變。「不要強迫，不要忍耐，要尊重孩子的個性」，這類歐美的教育理念開始被引進，自此所有一切都流行歐美作風。

「現在不會說英語不行」這種說法大約是從三十年前開始出現，可是現在日本到底有多少人可以說流利英語呢？其實除了少部分人之外，不會說英語也不至於特別辛苦。相較之下，我倒覺得日本人應該多學一點日文才對。

這個話題暫且擱到一邊，我認為現在的日本，應該再一次重新定位自己國家的歷史，以及先人們獨創的文化。這個時期企業不只要回顧戰後日本重視的價值，甚至應該更進一步回溯到明治、大正時期。

出社會之後，要先從基層做起，循序漸進，上位者並不需要鉅細靡遺地指導後進，反而要讓下面的人看著你的身影模仿學習。基礎沒打好，就什麼都做不好。

什麼基礎？簡單的說就是去做「該做的事」，而不是「想做的事」。如果不先把該做的事做好，想做的事也無法完成。如果主管露出「如果他發牢騷、想辭職的話就糟了」的態度或立場，就會有大麻煩。

年輕人不是笨蛋，他們會得寸進尺。如果演變成這種狀態，歸結下來還是主管的責任。不論是誰，剛開始工作的時候都很辛苦。記住訣竅、養成實力，慢慢的才會變得輕鬆，這是自然法則。車子也一樣，低速檔最耗費能量，慢慢地齒輪愈轉愈快，才會拉高速度。

「先做該做的事」。

乍看之下這個選擇好像違反時代潮流，但這會幫助部屬打下未來成功的根基。

對部屬表達關愛不是一味投其所好，讓部屬養成到哪裡都能通行無阻的能力，才是真正關愛的表現。

不要只說年輕人喜歡聽的話，不要變成有人氣但沒有責任感的主管。

改革必然要付出代價

創業第三年的時候，我整理出先前介紹的「向陽之家與顧客的約定」，以及「向陽之家八項規定」，內容都是經過幾番思考，但在公告的時候還是發生了意想不到的事情。

回答「好，我會做」和「唉呦，不可能啦，太硬了吧」這兩派員工之間壁壘分明，而且讓我感到意外的是，有幾個一路與我同甘共苦的創業元老，竟然全力抵抗，一時讓我覺得心灰意冷。

不過現在我懂了。

面對環境的改變，有人很享受，但一定也有人很厭惡。

其中一位討厭變化的員工還說：「如果強硬實施，一定會有人離職。」當你開誠布公向團隊清楚揭示你的生存之道時，或許也會出現一樣的意見，下面我想仔細談談這種狀況。

人在各種不同的環境中，自然會創造出不同的風土、文化以及風氣，然後也在這種風氣的薰陶下自然成長。某種層面來說，明確提出理念與方向性，就等於是瞬間改變風氣，得過且過的人當然不能接受，會提出很多理由全力反對，基本上這是莫可奈何的事。身為主管的人都該知道：

抵抗是自然的現象

而且出人意表的，很多時候高舉反對大旗的人，往往是有相同夢想一起創業的夥伴，或是創立公司的第一代社長等等。即使你的目的是為了要向前邁進，但是主管也是人，當然也會很痛苦，但在這種時刻如何掌舵，如何決斷，就是主管的工作。

我算是遭遇了很悲慘的狀況。每次我只要認真實行這些規定和宣言，就會有一個、二個人離職。

當你決定了生存方向的同時，也要有離別的覺悟，這是身為主管不可避免的宿命。

但有分離就有新的相遇，下次你遇到的人，或許就是能認同你的理念，一起實行的夥伴。不可思議的是，即使沒有吆喝糾眾，有相同想法的人自然而然就會聚在一起。請把之前的離別當作改革的代價繼續前進。

別遷就不願意配合的人

團隊的改革總是需要時間，當我決定要創造優質團隊的時候，一定會從理念開始，一直到差不多有個樣子，大概會花上三年的時間，在這當中，員工的情緒是我每天最擔心的事。

理念確立之後，接下來的挑戰就是要在晨會中大聲念誦，我拜訪過許多主管，從他們那裡學到的就是確實落實這件事，但實施時往往會遭遇很大的反彈，「開晨會囉！」即使部分有朝氣的員工會開始聚集，反對派依然姍姍來遲，這種情況是家常便飯。

「怎麼做才能順利推行？」我思考後調整出來的方式就是「讓想做的

人來做」，結果這次變成「你不需要我們嗎？如果不需要那我們就離開好了。」

煩惱之際，一路追隨我、對我很信任的創業夥伴這樣跟我說：「社長你到底要配合想做的人，還是不想做的人？」

「唔……可是沒辦法大家都一樣。有些人很強勢，有些人很弱勢……」

我這番話，得到了完全顛覆我想法的回應。

「你覺得誰是弱勢？」

「就是那些反對的人。」

「不對，完全相反！相信社長所說的話，毫無怨言拼命努力的人，立場才弱。」

不做的人可以利用反抗、發牢騷這種最強的武器，他們的立場才強硬，只要反抗，就可以按照自己的想法什麼都不用做，未免太厚臉皮了吧。

驕縱的那一方其實比想像中還要強大，你應該要重視弱勢的人，配合那些努力工作的人的速度。」

這番話讓我的迷惘一掃而空，我斷然跟那些人說：「我們就照步調前進，如果不喜歡的話，以後就不要來」，這些反對者沒辦法只好也開始大聲念誦。

主管和部屬的關係有點類似於親子關係，也像在拔河，對於任性的孩子，雙親一定要沉住氣。

如果跟北風和太陽的故事一樣，事情能順利改善還好，如果不行，就要有強勢的作為。請將改革、創新伴隨的疼痛視為成長痛，全部的責任都屬於一開始創造出這種體制的主管。為了不要發生這種狀況，明確的傳達理念、重視規則非常重要。

舊人離開，新人才有機會

主管碰到員工離職難免會感到痛心，這種經驗或許是主管不可避免的煩惱。當我面對員工離職時，雖然外表沒有表現出來，但內心深處始終會想：

「到底要到什麼時候才能習慣這種洗禮？」

在結束章魚燒店，籌設向陽之家的時候，我經歷了最大一波離職潮。七位員工在開幕的第一個月之內一口氣走了四個人。

「不能老是讓大家過著不安定的攤商生活。在當地開店的話，大家就可以從家裡通勤來上班了。」為了開店，我借了一大筆錢準備一決勝負，「喂，你竟然現在要辭職？」員工有這種反應，我簡直氣炸了。現在回想起來，原因是我自己實力不足，但我當時並沒有意識到。

不過我還是調整心情為他們舉辦了送別會，包含我在內預約了八個人的位置，可是辭職的四個人一個也沒有出現，除了我之外，其他三個人都沮喪不已。

「好吧，就當作向陽之家的成立大會！」

即使我這樣說，也沒辦法讓大家振作起來。而且留下來的三個人，是章魚燒店資歷最淺的員工。

「剩下來的就是這些人嗎……」

對於相信我而願意追隨的人，我應該視如珍寶，自己這樣想真的很失禮。其中一個年資最淺的男性員工，看著我說：

「我很不甘心。現在才剛要開始，怎麼會這樣……我、向陽之家，一定要加油！」

看見他泛著淚光的雙眼，我對自己的無能感到很可恥，也不禁哭了出來。宛若守靈夜的成立大會，從那一刻開始出現奇蹟。

隔天我開始準備開幕相關事宜，大家發揮出超乎平時表現的力量，讓我了解到「啊？那傢伙連這個也會做？」他們不甘心的淚水我只看過一次，他們已經脫胎換骨了。

對主管而言，員工辭職除了造成精神上的損害，也不難預想隨之而來的業務混亂；但從另一個角度來看，員工因為上面有人而被掩蓋住的能

力，反而因此有機會發揮，很多案例都是如此。

如果有心想做，又處於能自由發揮的環境中，人就會發揮無限潛能。只要有這種想法，團隊絕對不會潰散，新芽會冒出頭來，而小小的幼苗能克服嚴酷的環境，就會長成強壯的樹木，開出燦爛的花朵。

主管要隨時提醒自己：下一個世代很優秀。

主管絕對不能做的事

CHATPER 4

當心不知不覺染上領導病

我不知道世上是否真的有神存在，但我經常遇到讓我覺得「像神一樣的人」。我想藉這篇文章試著解釋這種微妙的感覺。

雖然想說「這個地方應該這樣做比較好」，卻說不出口的人，或是被別人說個幾句就會惱羞成怒的人。以及會說出下面這段話的人，「謝謝你告訴我，我自己都沒發現，下次我會小心。如果還有什麼地方要改進，也請多多指教喔！」哪一種人比較可能成長，自不待言。

「世上比什麼都重要的就是指導力。」大家都期待優秀的主管出現，不過更重要的是，在成為指導別人的主管之前，應該要先成為優秀的被指導者。你要謝謝那些對你疾言厲色的人，絕對不能生氣，因為他們會這樣跟你說話都不是基於個人喜好。身為主管的你，應該會很認同這種說法，但接下來才是問題。

每個人都有可能成為指導者，也都有可能是被指導者。有不少主管每次都在說別人的立場，可是當角色互換，變成自己被指正的時候就會生氣、不開心。長期擔任主管，很容易喪失接受指導的能力。

這樣的主管即使能說得頭頭是道，終究都只是原地踏步不會成長，也無法接受部屬的建言。主管培養指導力很重要，但是如果卻乏接受指導的能力，絕對無法成為好主管。

這是很多主管容易忽略，但必須注意到的地方。要時時自我檢視是不是得了無法接納他人意見的領導病，穿新衣的國王將來一定會變得很寂寞。

小心別染上了領導病。

別將部屬的功勞據為己有

不管好事壞事，主管都會受到各方注目。其中又以部屬的眼光最為嚴苛，這點有些人可能會覺得很意外。

往往一不注意，部屬就很容易對主管產生「什麼？就這樣？」的失望感受。雖然嘴上不說，但是部屬都在看，看主管的胸襟有多深、氣度有多寬厚。如果讓人覺得「這個主管氣度狹小」，當然不會有人願意跟隨，但是大方過頭也會搞砸，中間如何拿捏其實非常困難。

首先要注意的就是不要把員工的功勞據為己有。

很多主管都因此失去信賴。即使那是主管的功勞，工作也是靠團隊的運作才能進行，不可能不需要他人的力量，雖然是自己做的事情，如果沒有把功勞做給部屬的器量，也無法成為好主管。

「託他人的福」——就是把光環讓給幫助你的人，希望你能擁有這種氣度。

另一個要點是不要扯別人後腿、不要打壓別人。

新一代出頭是值得高興的事，不需要打壓，如果需要這麼做，就代表被主管本身的既得利益所束縛，等同於不具備與主管地位相符的實力。

千萬不要說：「是不是要取代我？」這種小家子氣的話，要傳授部屬自己知道的事，幫助部屬成功。技術本來就可能被任何人超越，所以主管需要鍛鍊是身為上位者的處世之道。

下面的人一定一直都在觀察主管的器量。

別在他人面前說員工的壞話

我跟很多人談話的時候，尤其是跟主管或經營階層的人聚在一起時，一定會出現的話題就是員工。

「人才是公司的財產」、「人才是寶」……雖然大家都有重視人才的想法，但是如果問他們「你們公司怎麼用人？」「你們如何對待員工？」很多人都答不話出來。

你又是如何呢？平常你和替公司賣命的員工都是怎麼溝通呢？為了讓公司生意興隆，你對他們又有什麼想法呢？這非常重要，跟很多經營者談過之後，我發現了一件事——

生意興隆的店鋪經營者，很多都是打從心底對員工充滿了感謝之意。不是只有做做樣子，他們真的認為生意興榮「是託員工的福」。

這是很多成功者的共通點，如果跟員工這樣說，任誰都會「想要為這個人工作」。雖然現在我是經營者，如果是站在員工的立場，一定會想要在這樣的主管底下工作。

相對的也有不少經營者會說「這個傢伙可以用」、「那個傢伙不能用」，把員工當棋子。更惡劣的則是說其他員工的壞話。如果你是在這種經營者底下工作，會想要為他努力嗎？工作動力一定會因此降低，就算有實力，也卻無法如預期般發揮。

這樣說或許有點狂妄，會說「那傢伙不能用」代表主管本身沒有驅動他人的才能；會說「員工都不好好做事」、「怎麼都沒有勤快一點的員工」是因為主管自己的想法錯誤，才不受員工愛戴，或是你自己沒有察覺員工的努力。

通常對主管波長有反應的人，才會進同一家公司。

人會為了有魅力的主管而發揮超出實力以上的潛能，究其原因，就是因為喜歡那個人、崇拜那個人。

你感謝員工，員工才會感謝你，主管想要帶來良性循環，只能從感謝努力工作的員工開始。

員工是毒物還是寶物，就看你怎麼對待。

別向部屬尋求慰藉

你有部屬吧？正在閱讀這本書的你，可能至少都有一、二個部屬。

當在公司或組織內有事情發生的時候，假設部屬失敗，或是沒有按照你的意思去做，你會在其他的部屬或是別人面前批評他嗎？

部屬其實都很注意聽主管在說什麼，包含主管無意間所說的話，例如對公司的態度、對工作的使命等等。如果主管總是道人長短、對未來充滿抱怨和不安，那跟隨你的人也會失去夢想，稍微聰明一點的人可能還會揣測：「主管在我背後也會這樣跟別人說我的壞話吧」。

大致上這種希望有人聆聽的狀況，通常是渴望別人了解、期待別人跟你站在同一陣線，人難免會有這樣的心情，如果想吐苦水，請盡量找跟組織完全不相干、而且比自己更有經驗的人，在部屬面前最好都不要露出煩惱的神色。

想要藉由這種方是把部屬綁在自己身邊，絕對沒有好事，沒有自信的主管，才會說別人的壞話來鞏固自己的勢力。尤其是對於認真工作的員工更不該說這些閒言閒語，而是要告訴他們自己的使命和志向。

我很有福氣，一直受到前輩和師父們的照顧。在這些人當中，沒有一個人會跟我抱怨。前些日子，有機會跟好久不見、我非常尊敬的經營者一起喝酒。我們大概有五年沒見面了，他一邊開店，一邊寫書，在工作空檔時也在全國各地舉辦研習會，所以我經常打電話跟他討教。

跟前輩喝酒的時候，他問道：「茂久，你幾歲了？」我回答「三十九歲。」

「真好。年輕人潛力無窮喔。」

我本來以為他接下來是這句話。不過他回答的完全跟我想像相反。

「你才三十多歲喔？真可憐。四十歲很棒喔！趕快來！我被很尊敬的人問過同樣的問題，我回答『四十多歲』，他們就說『快點到五十多歲這邊來，很棒喔』。五十多歲真的很讚。」

他的話讓我對四十歲充滿期待。

像這樣會跟我說未來一片光明的前輩，真的非常激勵人心。不管如何，優秀的主管，不會刻意把大家圈在一起，反而有種自己一個人也能戰鬥的自信。

切記別讓自己變成沒有部屬，無法控制情緒的可悲主管。

謹慎使用社群網站

今日網路已成為日常必需品。多如牛毛的各種情報不分日夜地不斷發送，和沒有網路的時代天差地遠，就使用者而言，個人資訊、隱私、本性都會赤裸裸地呈現在網路世界。

主管在使用社群網站時一定要特別小心。

部落格也包含在內，其中特別要注意的就是臉書，使用時會毫無保留地暴露個人的個性、本性。因為上傳幾乎不花時間，所以有些還在想的事情往往未加修飾就直接公開，上傳照片的功能則會反映出使用者的興趣及所見所聞，當然還看得出個人的人際關係。

另一方面，從如何拍照可以看出使用者如何看待自身的個人形象。有自信的人會上傳自拍照，缺乏自信的人放團體照，討厭這一套的人完全不露臉。從對哪一則訊息「按讚」、寫了什麼留言，多多少少可以看出一個人的本性。

這些都是個人自由，本身沒有什麼特別的問題，但是主管有時候卻必須注意。例如在員工正在工作的時候，你卻上傳了一大堆出遊的照片，或是一些跟工作毫無關係的訊息。

前幾天某公司的年輕主管到我們店裡來玩，我們聊了很多事情，酒過幾巡之後，他開始對我傾訴主管的煩惱。

他們公司的社長非常善於交際，會在很多場合露臉。他自己很了解社長的個性，所以沒有多想。但是員工卻跟他抱怨：。

「社長真的有在工作嗎？」

當時正值公司最忙碌的時期，大家都忙得焦頭爛額。社長還在晨會上宣示：「大家要一起努力！」結果自己卻沒進辦公室，還上傳了參加高爾夫、宴會的照片，使員工的不滿大爆發。

「說什麼要跟大家一起努力，結果自己都在玩，社長說的話根本不能相信。」

沒想到會演變成這種狀況，身為高階主管的他只好跟社長說：「社長，使用上請小心一點」，但是對方完全聽不進去，只回了一句「薪水是我在付的，他們有什麼好說的！」

「早知道會變成這樣，以前沒有臉書，要到處找『社長去哪兒啦？』的時候還比較好呢。」他因此左右為難大傷腦筋。的確臉書屬於個人，「社長也有社長才有的苦處與壓力，也需要交際應酬」這樣說或許能安撫一些人，不過身為主管，還是必須要對員工體貼一點。

不管領了多少薪水，員工同樣是人，也有感情，遇到這種狀況當然會士氣低落。而社長如果被身邊的人貼上「玩咖」的標籤，也不是件好事。

事實上，現在有公司在決定是否進行交易的時候，會先查看臉書，看看對方公司社長的為人，做為判斷條件之一。

我並不是說主管不能出去玩，也不能把歡樂的模樣上傳到網路上。但是上傳的時機和次數，應該要考慮到身邊的人的心情。

別小看社群網站，建議大家把它當成重要的品牌工具來使用。

過度樂觀，可能是悲劇的開始

樂觀的迷思由來已久，常有人認為任何事情都該往好的方向看，但是如果樂觀過了頭，反而是悲劇的開始。

例如事業失敗的時候。樂觀的人會說：「失敗為成功之母。」面對艱困的狀況，也會轉念說「危機就是轉機」，這真的很了不起。但是這些話如果使用時機錯誤，就會惹上大麻煩。

不管你怎麼改變觀點，失敗就是失敗。危機就是危機。

主管在面對事情的時候，必須確實掌握狀況，確認處境是否真的樂觀，承認失敗，思考解決方案，即時採取對應手段，之後才去思考：

「這次的失敗是否可以作為下次成功的基礎？」

「這次的危機能否能變成轉機？」

在這個階段思考下一步，才是真正的正向思考。如果在別人陷入危機的當下，還跟對方說：「危機就是轉機」這類風涼話，基本上就像在傷口撒鹽，只會讓對方更痛，如果見到別人身陷危機，首先該做的就是要是幫助他。

站在商業的角度，如果你開始做生意，提供的商品卻不能滿足顧客的需求，首先要做的就是要盡快針對客戶需求進行調整，如果不這麼做，即使講再多次「往好處想一切都會好轉」，生意也不可能真的變好。

主管在面對問題的時候，必須要能確實掌握狀況，做最低限度的風險管理。整備妥當之後，才能繼續向前進；如果沒有這麼做，光說：「往好處想就會有好事發生。」在完全沒有準備的情況下面對事情，並不叫做樂觀，只是單純的賭博。如果這樣就能獲勝，那些賭博的人也只要保持樂觀態度，就全部能成為大富翁了。

還有當部屬在煩惱時，不該勉強部屬正面思考，傾聽他的煩惱才是關鍵。就像小孩子跌倒的時候，即使你說「不痛、不痛」，還是會痛，還不如說：「很痛吧、很痛吧」，比較有療傷止痛的效果。痛苦到極點，人的自然療癒能力就會開始運作，只有在恢復的過程中，樂觀的論點才能發揮作用。

正向思考要看時機，請留意過於偏頗的樂觀理論。

主管與未來的主管
都該知道的事

CHATPER 5

不過度追求規模和成就

在這個時代，不論公司的規模或是人脈的擴展，如果超出自己的負荷，一定會出問題。

現在跟過去相比，雖然還不能說是全部，但規模的神話正在瓦解，人們漸漸變得「重質不重量」，豪華的外在不如內在的魅力來得吸引人，這樣的時代已然來臨。

以我自己為例，我從事寫書以及開餐廳的工作，在我面前有喜歡我的作品的讀者、有在我的公司裡努力打拼的員工、有到店裡來消費的顧客，不管哪一個都是我的寶藏。

我不會一直去開拓新的客層，而是會用盡全力去照顧原本的顧客。書本暢銷、餐廳生意興隆的確讓人開心，但是對於賣了幾萬本、店裡營業額有多少，我其實沒有想那麼多，不過以前完全不是這樣。

「我所重視的人想要什麼？怎麼樣才能對這些人有幫助？」

當我試著寫出能對自己重視的人有幫助的書，或者思考怎麼讓原本的顧客和員工開心時，反而會讓那些初次閱讀我的書的讀者、初次來店的客人，以及新進的員工得到更多的幫助。

不要追求絢麗的形式，只要讓眼前的人滿足，就能產生好的結果，不因外在左右偏離原本的目標，就會使工作更有效率。

我人生的導師也是我的大恩人們，總是不厭其煩地說：

「如果不能讓身邊的人滿足，組織一定會崩壞。」

這不光是嘴巴說說而已，最有力的證據就是他們身邊的人都很幸福，尤其是愈親近的人就愈感到幸福。

他們總是以身作則，到現在仍持續努力實踐，所以說的話又更有份量。我和某位經營者曾有過以下的對話，因為很重要，所以對話都以粗體字呈現。

「原來如此，開店應該要重視熟客。」

「是啊，不然一路支持你到現在的人是誰？」

「就是那些人。」

「沒錯，但是大家卻都反其道而行。」

「怎麼說？」

「常常提供折扣給新顧客，卻讓熟客照原價買單。這實在很奇怪，完全弄反了。」

「經你這麼說，好像真的是這樣……」

「這個道理不論做生意或人生都適用，擴大規模、設定更遠大的目標時，往往很容易就忘了是誰一直在支持你。」

我也有這個毛病，而且特別嚴重，因此必須要一次又一次地反問自己。

「如果真的想要擴大版圖，就要重視那些看重你的人，反過來是行不通的。怎麼讓一直支持你的人感到開心？一定要動腦想一想！」

「是，我懂了。」

「該做的事不做，只是拉了一大堆陌生人進來，訊息面和經營面都會失去焦點。」

「我想我越來越了解了。」

開始寫書的時候，我就實際感受到：如果把對象設定為大多數人，往往自己都搞不清楚自己在寫什麼。因為以主婦為對象寫書，還是以商業人士為對象寫書，主題本來就會很不一樣。所以不論是做生意或寫書，像我這種以多數人為對象的新手，一定會失敗。也因此這本書才會將讀者群就鎖定為主管。

二十世紀是重視規模的時代，凡事都要大、都要全球化。但時代會變，二十一世紀的時代潮流已經不一樣了，如果還做相同的事情只會招致失敗。

或許你會覺得我很土，不過現代真的是內容比規模重要的時代，充實內容才是成功的關鍵。

別讓交際成為負擔

好的相遇會帶給人生莫大的改變。但是相遇也分成二種。「提升自我的相遇」以及「扯後腿的相遇」。

分辨的方法很簡單。如果對方抱持的想法是「我能為遇到的人做些什麼？」那麼你的人生可能會因此產生莫大的進步。反過來如果碰到的人是「想要從你身上得到什麼」，當然會造成你莫大的負擔。

最近日本各地流行所謂的交流會，在這些場合上的確有可能遇到很棒的人，但是如果過於沉迷，恐怕失去的比獲得的還要多。

很多經營者都有這種毛病，想要跟很多人見面藉此擴展生意，帶著一大疊名片參加交流會，蒐集交換到的名片，就稱為人脈，然後把「跟各型各色的人物交流是主管的工作」掛在嘴邊到處跑，卻荒廢了本業。

「主管的工作就是到外面建立人脈。」這種說法聽起來好像很有道理，但是究竟什麼是「人脈」？這個名詞聽在我耳裡，總覺得是一種典型的利害關係。

我從二十六歲開始做生意，當時打從心底相信這句話，還會特別去參加活動、派對、交流會。不過可能是我不夠努力，那個時候收到的名片中，幾乎沒有現在仍然深交的人。花費僅有的金錢、費盡心力之後，得到的只是一堆名片山。

老實說當時我處心積慮盤算「跟誰相遇才能獲得開展人生的機會」，

相較於「自己能為對方做什麼？」滿腦子想的都是「從對方身上能得到什麼？」

值得慶幸的是我現在還有一些志同道合的朋友，在寫這篇文章的同時，回想起「這些戰友是在哪裡認識的？」我發現大多是在工作現場，以我的情況，來店光顧的客人又特別多。

意思就是與其在外面東奔西跑，還不如在自己的工作崗位上努力，反而有更多有益的相逢。

當我一味認為「要到外面去，要到外面去！機會只會在外面」的時候，我人生的導師卻跟我說：

「茂久，你想要跟這麼多人見面，究竟是為什麼？」

「什麼意思？當然是希望學到很多東西、獲得很多機會。」

「那的確是很棒的事，但是成功者可以馬上分辨出你只是善於交際，還是真正有心在工作上。相較於汲汲營營希望得到機會的年輕人，在自己崗位上努力讓大家開心的人更有魅力。

不要自己跑去別人見面，如果口碑傳開來，別人會特地來見你不是比較好嗎？」

現在想起來會覺得本來就該如此，但是當時的我聽到這些真的受到很大的衝擊，幸運的是我的個性很單純，馬上就改變了心態，而口碑的效益也超乎我的想像，特地來找我的人變得越來越多。在克服了許多難關之後，那些原本不會跟我見面的人，也會主動來找我。員工和顧客都很開心，而且開銷也大幅減少。

真正有魅力的人的共通點，就是會重視自己身邊的人，並將這件事視為優先。

愛用你公司產品的顧客、喜歡到你店裡的顧客、還有更重要的，喜歡你、當你外出打拼時盡心盡力在背後支持你的員工，這些人才是你真正的人脈。

人脈的建立要從內到外，身為主管的你最應該重視的是本業、是顧客、是一起工作的夥伴。

當心虛榮的陷阱

在人脈很重要的觀念已經成為常識的現代，談這種話題，好像在潑別人冷水，但是我寫這本書是真的希望讀者能成為好主管，所以必須務實地談談這件事。

跟很多人見面交換名片時，比起名字，大部分的人都會注意公司名稱和頭銜。基本上我也是這樣的人。「年營業額幾億元」、「那位有名的社長」、「傳說中的○○先生」……有些人只跟這些名人沾上邊就會很興奮，但是過於追求名聲價值並沒有太大的好處，我稱這是「虛榮的地獄」。

希望別人說你「好厲害」，為了迎合別人對你的期待，去嘗試完全沒做過的事，或是虛張聲勢誇耀自己，陷入「說出口的如果沒有做到會被人家看輕」或是「如果沒有實現就不會受到認同」的錯覺中，進行有勇無謀的挑戰等等。說穿了都只是主管的虛榮，要實際落實這些想法很容易就會引發巨大危機。

「三年內要展店〇家、年營業額〇億日圓！」

我也曾經做過這類計畫，在實際執行計畫時，跟員工說「朝目標邁進！」不但沒有任何員工打從心底覺得開心，大家的臉上彷彿都寫著：「又去參加什麼會，又聽到什麼了。唉～」

「目標很重要！你們的決心還不夠！」當我惱羞成怒又說出這種話的時候，卻聽見店裡工作的年輕小弟小聲抱怨：

「老大，你真的想這麼做嗎？」

「……你這麼說我也沒什麼自信，可是大家都說一定要有具體的數字。」我回答。

「雖然我這樣說很不恰當，但說這種成功之後只有你自己爽的目標，根本不會有人想理你。」

正如他所說，這是為了讓我自己開心的目標，因為我希望別人對我說「經營那樣的公司很厲害！」若我站在相反的立場，也就是說如果我是部屬的話，才不會追隨像我這樣的主管。

我只是一直往外張望，覺得鄰居家的草地看起來比較綠。為了跟其他人互別苗頭，所以亂做計劃。如果是小說或漫畫的冒險故事，這種開頭或許很有趣，但是我們是活在現實世界中，不管你有多努力、多認真，不同的人就是會對你有不同的評價，如果過於勉強自己迎合所有人，一下朝左、一下往右，人生很容易就會因為搖擺不定而迷失了方向。

主管搖擺不定，部屬就更加搖擺不定。

當然有時跟很多人見面增廣見聞、拓展人脈也很好，但必須是在自己已經站穩腳步之後。

別讓部屬不得不向別人低頭

我在二十多歲的時候，很熱衷於到處認識人，當然也常去找那些很優秀、真正被稱為成功者的人，其中有一位對我的影響特別大。

那位老闆的員工都非常喜歡他，而他也真的很重視員工，他擁有個理想的工作團隊。讓我非常羨慕崇拜，不但從他身上學了很多東西，還想教給員工。但是反應總是不如預期。

「〇〇社長很棒！我們應該向他學習！」不管怎麼激勵，大家的回應都像在隨便應付。當然我現在瞭解只是把聽來卻沒有實踐過的東西告訴大家，一定無法產生很好的成效，但最主要的原因不在這裡。有一次一位員工這樣問我：

「我們的老大到底是誰啊？是那位老闆嗎？」

「我不是這個意思啦，只是要你們學習別人的優點。」

「好，我們會學，但是希望學的是自己社長講的話，我們跟隨的人是社長。最近看到你認識很多人，還受他們的影響，經常說○○很厲害，聽到的時候總覺得不太舒服，說這麼多有的沒的，那個說『跟著我』的社長到哪裡去了？這樣真的很糟。」

彷彿被潑了一大盆冷水。「老大很糟～很糟～很糟～」這句話在我腦中盤旋不去，我不知道該怎麼辦才好，就打電話給那位老闆。他聽了我說的話，笑著回答：「哈哈哈，永松，他說的完全正確，你竟然有這麼好的員工，你的公司一定會成長。」

這些話完全出乎我的意料之外，接著他還說：

「我跟你說，運作良好的公司，或是剛成立的公司、今後會繼續壯大的公司，不管好壞，員工都只會聽老闆的話，員工會跟你說這些話，代表他們很喜歡你這位老闆。

不過啊，你卻很奇怪地跑去向別人低頭，讓跟著你的員工也必須對那個人低頭，這就是老闆的不對了。

身為一個男人，只要舉起大旗以經營者的姿態創業，即便現在規模還小，也算是一位老大，與其跑去見很多人，向他們低頭，還不如留在現場

跟員工一起流汗，這才是老大的職責。」

不要成為讓跟隨你的夥伴不得不向別人低頭的主管，這句話聽起來或許有點江湖味，但我認為這是主管最該擁有的氣魄。

如果世人都往左，你就往右走

領導團隊的主管就像航海時的船長，有種說法是船長的一個指令可能就決定了部屬的幸與不幸。航程快樂順遂還是多災多難，這話其實一點都不誇張。

這裡先介紹一個在決定方向時，記住會非常便利的方法。

有兩種策略，一種是紅海策略，一種是藍海策略。

先來說明紅海策略：例如你開了一家店，剛好位處激戰區。幾乎所有的人都相信只有物美價廉才能吸引消費者，於是紛紛削價競爭，但是「物美價廉」其實是大公司創造出來的名詞，只是一種宣傳花招，大公司的進貨量跟普通中小型店完全不同，當然可以降低價格。

如果進貨量較少的店，想要跟大型連鎖店拼價格，會發生什麼事？獲利減少、無法支付讓員工滿意的薪資，需要跟業者進行不合理的價格交涉，耗盡氣力不說，簡直像是邊流血邊作戰，血流成河染紅了大海，就稱為紅海。可能因為文化的因素，多數日本人往往都是無意識選擇航向紅海的船長。

其他的事情也一樣，只要聽說「很多人都在做」，所有人都會想要試試看，但是人數愈多，競爭就會愈激烈，要出人頭地就更加困難，基本上紅海的世界就是事倍功半、弱肉強食的世界。

相反地，沒有競爭、只屬於自己的大海，就稱為是藍海。雖然周圍的店都在打價格戰，只要你專注於提升商品價值而不降價。不道聽塗說，只走屬於自己的航道。就不會有敵人。

辨別藍海的方法很簡單。如果世人都往左，那你就往右，流行的東西一下子就會紅海化，如果船長不過於虛榮，就能在藍海快樂航行。

餐飲業在某種意義上正是紅海的世界，只能不斷努力提升價值。雖然經營餐廳，但我們為會費盡心思為客人舉辦慶生會，會利用休息時間反覆練習舞蹈，會為了讓客人開心而組成劇團，並不斷練習如何微笑。

藉由重複練習這種與正規方法完全不同、效率非常差的事物，我們持續找尋自己的藍海。

最後我們找到的就是書本的世界，每天都有幾百本的書籍出版，被稱為夕陽產業的出版業，從某種角度來看也是紅海。但是——

「出書的餐廳」幾乎不存在

一個人的賽跑，不管跑多慢，終究會得到第一名。這的點子或許行得通，我們就是抱持這種想法投入書籍出版。本來就沒有規定餐廳不能做書。所以身為餐廳經營者的我決定要一直寫書。

如果被「應該要這樣做」、「因為大家都這樣所以我也是」的想法所侷限，不知不覺就會進入紅海，身陷短兵交接的殺戮戰場。

主管必須不被資訊所惑，以自己的感性在航道上前進，即使是逆向而行，說不定那才是真正的王道。

只有你的團隊才能到達的藍海必定存在。

做誰都可以做，卻沒有人做的事

舉個例子來說，你準備在現在居住的地方開始做生意，假如當地有很多烏龍麵店，你要開什麼店，才能一舉成功？

面對這個問題，很多人都會說：「烏龍麵已經飽和，拉麵店應該沒問題！最重要的還是要找利基！」

但專家反而不會這麼做，他們多數會回答：「經營烏龍麵店」。

專家看到的不是「烏龍麵店很多，所以已經飽和」，而是「烏龍麵店這麼多，可見得有這樣的需求，只要比旁邊的店質感好一點就有機會成功。」所以即使開烏龍麵店，也不會跟其他店家採用相同作法，而會思考自己與眾不同的強項，從一般烏龍麵店沒有注意到的地方下手。

例如一般烏龍麵店的店員很少面帶笑容，所以可以開一家充滿笑容的店；如果服務不好，就提升服務品質；如果周邊店家的定價都很便宜，就大膽選擇高價路線。同樣都是烏龍麵店，也要跟一般的店家做出區隔，這就是會吸引客人上門的專業商業模式，作法就如同作戰一樣，也適用於其他行業。

如果選擇「因為沒有拉麵店，所以有機會」的做法，就跟從零開始創造新的需求一樣，只會浪費很多勞力，與其這樣，真正的專家知道比較有效的做法是去考察烏龍麵店、發掘烏龍麵店消費者的真正需求。

這只是一個例子。尤其年輕人往往會想成為前無古人的英雄，但是多半都會很辛苦。魅力的根源：

並非來自於「沒有人做的事」，而是「誰都可以做，卻沒有人做的事」，也就是「真正需要卻沒有的東西」。

例如在平常的工作中，比誰都更努力保持笑容，或最快回應主管的詢問，如果是主管，則是比任何人都關心部屬，像這類「真正能做卻沒有做的事」其實非常多。只要跟現有的東西有一點點不一樣就好，如果能朝這個目標去尋找，必然會找到你的魅力根源，也會發現只有你才看得見的廣大世界。

集中力量，將不可能化為可能

我在年輕的時候，曾透過書本學習可以作為經營方針的知識，其中一項是「蘭徹斯特法則（Lanchester's Laws）」，是弱者與強者對戰時非常有用的理論，它提到：

「弱者不要分散拉遠距離，而要集中力量」。

簡而言之，就是不要擴大戰場的規模，要在限定的範圍內取得勝利。

目前我的餐廳在大分縣中津市有兩家分店，在福岡市的大名有三家，同時我也寫作，還負責出版策畫、並舉辦各種研修及演講活動。

在福岡開店是因為中津的的店內無法收容那麼多員工，所以就大膽地到遠地去開展，不過到了大名之後的發展，則完全依循蘭徹斯特法則。

雖然說「不要分散距離，要集中力量」，但還是有一件事一定會拉大距離，那就是演講活動。我曾經有過一年受邀演講二百次，老實說幾乎完全沒精力顧及寫作及餐廳的經營，雖然拜其所賜收入大增，但在今年新曆年開董事會的時候，我還是訂出以下的方針：

「盡量減少演講，將力量集中在福岡展店。」

那麼寫作呢？

其實我用來作為辦公室的公寓，位置剛好是在三家店鋪的中心。從公寓到各店鋪大約都只要花一分鐘。寫作或是出版的籌畫基本上就在這裡進行，不會造成能量損失，也因此能持續下去。

人才育成事業部在三月的時候舉辦了「知覽 for you 研修櫻花祭」，參加者來自全國各地，約有四百人；餐飲事業部四月開了海鮮餐廳「博多磯台」，然後六月開了以拉麵為主的「博多屋台幸龍」；出版事業部在六月出版了《男子漢的條件》、七月推出了《人生迷惘時就去知覽吧》。

但是「博多磯台」開店後的反應不如期，七月休息了五天，之後改變經營型態，轉型成為以清燉火鍋料理為主的「向陽之家 茂虎」。

然後這本書的截稿日是七月底。

以往我也曾經做過很多案子，但從來沒有像今年春天到夏天一口氣完成這麼多工作。而且時間還互相重疊。

我想說的是，能夠完成這種超乎想像行事曆的主要原因，就是因為「沒有拉大距離」。

來到大名的第四年，在偶然的情況下，與向陽之家相隔五間和八間的店面都空了出來，我就租下來開店。而書籍製作是在鄰近的公寓辦公室進行，由於人手充足，雖然又開了兩家店，但因為距離很近，完全不會浪費力氣。

我在辦公室除了寫作，也會召開店鋪裝潢的會議，晚上有客人來店裡的時候，我就去打個招呼。有空檔再回到公寓繼續寫；而我們出版工作室的成員能也同時兼顧店裡的生意，店裡有空就會回辦公室做書，設計書籍封面、內文編輯等等。如果這樣還不行的話，也有過在改裝中的店鋪櫃檯上寫稿。

三家餐廳都在員工跑步只要二十秒的距離，彼此支援相當容易。員工也都暱稱大名向陽之家為「一樓」，茂虎為「二樓」。與其說是展店，可能還不如說是擴充店面比較合適。

而讓這一切能夠順利運作的重點，就是減少演講再加上店鋪之間離得很近。

將力量集中在一個地方，就能將不可能化為可能。

成功都是來自別人的幫助

當事業和專案進展順利，大家自然會把目光集中到主管身上。愈是順利，周圍人們的態度就越容易改變。

乍看之下好像很值得開心，但是該注意的陷阱卻也變多了，就像不論是哪種角色扮演遊戲，只要到了新的關卡難度就會倍增一樣，現實當然也會發生「怎麼會？」的棘手狀況。

有人說：「人生有三個坡道，一個是上坡道，一個是下坡道，最後一個是『怎知道』」。

假設你是一位主管，成功做了一些事情，身邊的人自然會稱讚你，銀行的人也會說：「社長，我們會增加你的融資」，被邀約的場合增加了，看起來都是好事。

但這其實在某個層面可以算是老天給你的試煉。不管去哪裡，不管爬到什麼位置，都沒有所謂的「完美境界」，不管你的身分多高，名氣多麼響亮，這都是試煉。很多時候來自他人的讚美中，其實都有看不見的陷阱。

怎麼樣才能不掉到陷阱裡？方法很簡單。

不要認為現在自己所處的位置有多特別，那只是一個職務。如果你可以抱持這樣的心態，就不會恃寵而驕。

所謂的天才這個詞，指的並不是有才能有多了不起，而是指這些才能都是老天為了透過某人「完成利益眾生的使命」才會賜予的，目的並不是為了讓人受到讚賞或誇獎，如果有這層自覺，當使用這份才能時，不管遇到什麼人都能淡定的做自己能做的事，這樣的人不管身處什麼樣的立場，都能處之泰然。

功成名就還能不改初衷的人，一定都相當了解這個道理。而另一個避開陷阱的方法就是：

客觀地認識到「得到的都是老天給的，成功都是靠別人幫助的」。

人出生時本來就是是一無所有，只是從一開始累積到十或一百。所以不管自己在什麼位置，都要經常保持初衷，懷著感謝的心，勿誇耀、勿得意忘形，即使失敗了也只要從頭再來就好。能夠做到這樣，就會有新的力量產生。

錦上添花是人之常情，如果因此被沖昏頭就過於天真，如同前面所說，地位和稱讚都是老天的試煉。

「是的，我給你這個位置，那你要怎麼運用呢？」

要常常能捫心自問，腳踏實地，好好做該做的事，就會有所收穫，然後有機會更上一層樓。

順勢而起、不得意忘形、安步當車地向前邁進。

成為好主管的方法

CHATPER 6

讓自己成為一種品牌

最近很流行所謂的「個人品牌行銷」的概念，但是我對種說法有些點疑問，或許因為角度不同，我的說法有些批判的意味，大家可以想成是另一種意見。

我認為這個概念吊詭的地方有兩個理由：

第一個理由是「品牌」本身的定義，其實帶有「承諾」的意思。代表「我們公司（自己）在品質上對顧客的承諾」，品牌正是建立在這樣的信賴關係之上。真正的品牌，需要由內而外建立。需要藉由實際的成績和實力形成口碑，受人們認同，之後才稱得上是真正的品牌。

但「個人品牌行銷」的說法，很容易就會讓人感覺是過度包裝自己，讓自己更有賣點。

能遵守承諾，獲得對方認同，即使自己不宣傳也會形成口碑。但如果反過來只是為了贏得讚譽強行運作，以長遠的眼光來看，其實非常危險。

人都會在意別人的言行舉止、心理狀態、實際功績。且當然也會想讓別人看到自己的頭銜或是外在光鮮亮麗的一面，這些或許也很重要，可是一旦被發現名不符實，就會失去最重要的信賴關係。如果忘了這一點，很可能會在意想不到的地方跌倒。

另外還有一個理由。那就是「自己最了解自己」。

如果過度自我膨脹，沒做過的事也跟別人吹噓，那受傷的人不是別人，而是「內在的自我」，因為任何人都有良心。人要對得起自己的良心，才會產生自尊心。那麼「自尊心」，也就是心中覺得自己值得驕傲的部分該如何提昇？唯有依靠「實踐」和「實績」。

別人會不會理解，你自己心裡最清楚。不斷對他人展示裝飾過的自己，就會傷到「內在的自我」，且這些傷害會逐漸累積。我在本書中也提到：

「在沒有實績之前，不要大辣辣地到處露臉比較好。」

只要不做過度的自我品牌行銷，只重視該重視的事物，務實地強化自己的根基，你的自尊就會提昇，周圍的人就會將你視為品牌。

「你努力過了嗎？」

「你是否能坦率地面對自己？」

「你的言行舉止都是真實而不虛偽嗎？」

自己能做的事情就好好做，充實「內的在的自我」。當「內在的自我」感到自尊自信，很不可思議的，人就不會一直講自己的事情。當你擁有這樣的自信，就會展現出獨特的風格。不需要推銷自己，做「個人品牌行銷」，而要讓自己的內在充滿自信，提升「內在品牌」。

支撐主管的，只有重視重要事物的心意，以及不會逃避這份心意的驕傲。

主管們，不要被無謂的虛榮心所困。

書是最好的戰友

主管應該要有的東西。某個層面來說，或許就是「飢餓」。飢餓能成為上進的能量，讓人隨時保持向上的心。

對現狀充滿感激固然重要，但如果自己對任何事都沒有飢餓或渴望的感覺，那就不會去學習。當然，主管的壽命也到此為止。

我到現在還無法滿足現狀。多開了一家店、多寫了一本書，受到大家的青睞而暢銷，這些都無法讓我百分之百滿足。

「你一直都在往前跑沒問題嗎？要不要休息一下？」

很多人都這麼跟我說，但是我一點都不覺得辛苦。

如果真的討厭的話，我應該馬上就會棄械投降，不過那就不知道現在會做什麼工作，過什麼樣的生活。我總是在每一次的結束，對下一個開始充滿期待。與其說是追尋夢想，還不如說我覺得自己就在夢中。飢餓或許可以說是一種是好奇心。

我以前是很好強的人。想要多跟別人碰面、想要往上爬、想要別人告訴我生存之道。那個時候我很尊敬的恩人，非常重視自我學習。那位恩人經常看書，他總是這樣跟我說：

「茂久，當主管都很忙，要以書為師。」

「啊？書？」

「對，書很好喔。是作者傾其心力，將經驗及力量濃縮於其中的產物。比起跟本人見面，看那個人寫的書更有效率，就像他把你當員工跟你說話一樣。

你書架上翻爛的書有幾本？」

現在以作者的立場這樣說有點不好意思，我之前真的沒有好好在看書。成為經營者之後，雖然會到書店去買書，但都是書架上的裝飾，大都沒有整本看完。我跟社長說了實情，社長這麼說：

「書是非常好的能量來源，尤其是好書，跟自己很合的書我都會看好幾遍，如果不這麼做，不就跟一直買參考書卻不讀的考生沒兩樣。總之就

先好好看完一本，然後應用在工作上。

厲害的人都是把書當成自己的戰友。所以師父才會說書很棒。」

把書當成戰友。

這番話到現在仍在我心中迴盪。

從那之後，我看書的方式就改變了。為了找適合自己的書，我經常到附近的書店。狀況不順利的話會幾乎大半天都泡在書店，店員看到我都露出不可思議的神色。

現在我也成為作家，一位因為工作認識、我個人非常尊敬的編輯曾說過這樣的話。

看一個人的書架馬上就能分辨誰是會寫書的人，或誰是能夠持續寫書的人。方法就是看那個人的書架上有多少本書已經被翻得破破舊舊。

讀很多書的人比較接近編輯，而作者通常是一本書讀很多次。

我現在能夠成為作家，應該就是拜那位社長的話所賜。

發現好書，有時間的時候在書上畫重點，一遍又一遍地翻閱，最後會產生奇妙的結果，不知不覺中，我已經可以將書中的重點以自己的話告訴員工，也可以跟自己的體驗結合。經過好幾次反覆練習，並加以實踐之後，那些重點就不再是紙上談兵的空論，書中所要表達的真正涵義也都能一一加以印證體會，只要經過訓練就能如此。

可以從這個角度思考，就好比光見一兩次面無法了解成功者的本質，所以要多見幾次面，聽他說的話，然後才去認識其他人。

我常因為知道了這些道理而沾沾自喜，又急著跟聽不懂的員工分享，就會引發民怨。我真的很蠢。希望身為主管的人不要跟我犯同樣的錯誤。

讀很多書不一定會成功，但如果腦袋空空，很多時候會不知該往哪裡去。真正的讀書家會仔細閱讀、實踐、把書翻爛。

主管們，讓充滿力量的書成為你的戰友吧。

真正的啟發沒有捷徑

談完書本之後，接下來的重點是要大家想想自我啟發。所謂的自我啟發，就是「讓自己有幹勁」。

每天都有各式各樣的書籍問世。但是並非因為是作者、編輯努力做出來的書，所以就得無條件的全盤盲目接受。

人常常會因為受到什麼人的影響，讓之後的人生產生重大改變，書籍也一樣，受到什麼書影響非常重要。而且成為主管之後，書籍更可說是能改變公司走的重要關鍵。

好書很多，但令人心生疑惑的書也不少，舉例來說，像是「三天實現夢想～」「不用努力就能成功～」之類的書。

如果這是真的，三天就可以實現的事情真的能稱為夢想嗎？努力真的是不必要的嗎？

人類會不斷產生新的新創意，促進文明的發展，如發明交通工具、電視、洗衣機等，拜過去的人們追求各種便利所賜，我們的生活才會變得越來越輕鬆。但是成功和成長並沒有捷徑。人的成長還是只能從挑戰及失敗中獲得，也唯有在其中才能找到自己的成功之道。

那些被稱為自我啟發的源流或王道的書，就不會寫得這麼輕鬆。跟鍛鍊身體一樣，如果不漸漸增加負重，心臟就不會變強。

所謂輕輕鬆鬆就能成功，是相信躺著不用努力，光靠想像就會擁有模特兒身材或變成大富翁。但真正的模特兒或大富翁不但不會聽信這些想抄捷徑的人所說的話，也不會理會些人，因為他們很清楚最後被嘲笑的笨蛋是誰。

能夠藉由閱讀學習提升工作的效率固然很好，但如果都不去公司上班，只讀一堆談輕鬆賺錢的書，就是本末倒置了。

真正成功的主管，只做自己該做的事，踏實的一步步朝目標前進，對想走捷徑的人都會抱持懷疑的態度。你可以問問看身邊拼命工作，踏實朝成功邁進的人，「哪一本書是你的案頭書？」

我想他們的回答應該不會有抄捷徑的書。

我可以很肯定地說，真正的啟發沒有捷徑，提出捷徑這種甜言蜜語只是在蠱惑他人而已，不懂讀書的人，很容易受到「毒害」，一定要小心。

真實經驗比理論更有價值

書籍可以傳達想法，人也一樣。

與智者相遇，能使往後的人生變得更豐富精彩。但是誰是有智慧的人？答案很簡單，就是有實際經驗的人。

理論性的東西，只要是把書背下誰都可以說得頭頭是道。沒有經驗只會發表長篇大論的人，大多會一直陳述理想，如果你問：

「那您自己做得到嗎？」

他就會開始語無倫次。身為經營顧問的人，自己的公司卻經營不善而倒閉的例子不勝枚舉。

市面上有各種書籍，也有各式各樣的指導方式，但因為我是經營者，所以我都專看經營者寫的書。有經營經驗的人寫的東西才真實。

「這樣做公司就會賺大錢！」如果敢在書上這麼寫，就必須讓自己的公司賺大錢。如果在書上寫笑容很重要，不管走到哪裡都會被提醒「你的笑容呢？」

我們公司的員工，大都是從我開始寫書的時候才有讀書的習慣，因為開餐廳的關係，很多讀者都會到店裡來，就算想躲也沒地方躲。

人非聖賢，當然不可能十全十美，不過這種無路可退的狀況會讓我和我的員工，時時保持警覺，也因為這樣有所成長。

懷有使命想傳達理念的人、想表現自我的人，還有像你我身為主管的人，經常必需承受眾人的注視。

如果你的表現都只是為了彰顯自己，有一天一定會原形畢露。還是老老實實地說明自己做過的事比較穩當，此外，如果不持續自我精進，人們很容易會因為失望就離你遠去。比起空談：「如果這麼做或許能培養好人才。」還不如實際做過後跟別人說：「因為我這麼做了所以培養出好人才！」更有說服力。

拜現在這個可以自由表現自我的時代所賜，連我都能出書。不過我很期待出現可以測定書籍功效的方法，例如讓那些大談「這樣做就會成功」

的意見領袖們，把因為聽了他們的建議而成功的人集合起來，舉辦一個成果發表大會。這樣子寫書的人才會更認真。

最強的理論就是——證據比理論更重要。

實踐才是最好的老師

透過書籍學習的主管，有件事絕對不能忽略，那就是「實踐」。

隨著時間流逝記憶就會模糊，這是大腦的習性。不管聽到多少精彩的內容，或在書裡面學到了多少好方法，如果不起身「實踐」，實際驗證，這些內容都會慢慢從記憶中消失，而你也只是繼續過著原本的生活，不會有任何進步。

我之所以意識到這一點，都是託我師父的福，他教了我很多東西。

約在八年以前，我有機會可以每個月到東京一次，讓師父進行一對一的指導。某個月課程結束後，我問師父下個月的計畫，他這樣回答：

「店內的營業數字要比去年成長一五〇%，已經到了這個程度，以前教你的絕對可以幫你達到這個數字。達成之後我再教你後面的部分。」

「師父可以先教我下個月的部分嗎？」

「不行。如果你還不到那種程度，之後的東西教了也沒用。」

老實說，以我當時的狀況，我覺得要讓數字提升，至少需要一年到兩年的時間。

我把想法告訴師父，他回答：

「既然如此，那你就一年後或二年後再來找我吧。」

不管我怎麼拜託，平常總是很好說話的師父都不肯點頭。師父對急躁的我所說的話，至今仍是我的珍寶。

我仍保留著當時的錄音，接下來就來介紹這段對話。

結果不是一切，但人們只看結果

「如果只教你理論其實很簡單。但這樣你會變成光說不練的人！」

「光說不練？」

「你是想要有成就才到我這兒來的。既然這樣就做出成果來。很遺憾的是這個世界也只重視結果，成功的人所說的話人們才想聽。」

「怎麼覺得有點殘酷。過程不是也很重要嗎？」

「嗯，結果當然不是一切。不過茂久，你不是說想要成為可以傳遞理念的人嗎？」

「是啊，我很想。」

「那如果別人問；『你所說的事情，真的是你自己做過的事情嗎？』你要怎麼回答？可不能說一句『不是』就了事。想要傳遞理念的人就肩負著相對的責任。」

「……。那我就好好做，做出結果。」

「所以從現在就要開始。如果跳過實踐的步驟，光引用那些不知是從哪裡找來的理論，終究都會露出馬腳，或許可以騙騙小孩子，但是對大人可行不通。」

「嗯。但是我認為過程也很重要。」

「過程的確也很重要，但是嚴格來說，這世上重視的是『做出成果的過程』」。

還有一點，以結果而言如果沒有實績，你就可能會付不出給員工的薪水，也付不出給廠商的款項，真正的成功不是這樣的，如果你想要成為貨真價實的成功者，就要有成果。」

「我一定會有成果，下個月請讓我再來上課。」

「不行，不可以。如果你沒有真的學起來，現在繼續教你也只教一些知識而已。總之去實踐吧，驗證一下我教你的東西對不對。」

「驗證嗎？」

「對，不管聽了多少好的理論，如果不去做做看，就跟空中畫大餅一樣，養成實踐的習慣才是最重要的。有些事做了之後才會了解，也要做了之後才會發現接下來的問題，那樣我才能教你更進階的東西。

教你實在很有趣，趕快去找出答案。加油！」

沒有成果之前不可以去上課，這真是太折磨人了。好，那我就跟師父說已經有成果，過一段時間再若無其事的出現。當我正在考慮這種膚淺的事情的時候，師父又說：

「啊，我忘記跟你說一件事。」

「什麼事？」

「要把決算書帶過來。」

「……」

決算書相當於公司的成績單，當然沒辦法造假，想要投機取巧的我，被師父逮個正著。

「你真是魔鬼。」

「哈哈哈。是嗎？是鬼嗎？我會讓你知道我是不是鬼。」

師父笑著這樣說。

那位師父的門下還有很多年輕人。

「你已經很努力了就繼續保持下去，如果覺得很辛苦，可以隨時來找我。」當他們為工作煩惱時，我常看見師父鼓勵他們，讓他們他安心，

「師父，為什麼你對我特別嚴？」

對於我的牢騷，平常不會生氣的師父，有點不高興地說：

「幹嘛，你要我說你好棒好乖嗎？」

「沒有啦，我不是這個意思……」

被這麼一說，我羞愧得無地自容。事實上我真的希望師父這麼說。

「你是領導者，是要背負責任的男人，在有成果之前不要在那邊碎碎念，快點去做吧！」

擁有被討厭的勇氣

「你是男人吧。」這句話讓單純的我馬上被打動。

「只能做了。我辦得到！我會比你想像中還要早回到這裡。」

從那個時候開始，我就把師父教我的東西實踐在店鋪經營上，短期間內就看到成果。如果那個時候老師沒有斷了我的後路，或許就不會有這樣的成就，不，絕對不會有。

聽著當時的對話，我現在很想挖個洞躲起來。當時的我，上課的目的只是想要聽師父說話，老實說都沒有去實踐，也讓師父看出了我的問題。

我以為不需要實踐並做出結果就能學到東西，把事情想得很簡單，但是看在日本頂尖成功者的眼裡，我這種幼稚的小聰明根本騙不了人。

「只能去做了。要不然沒辦法繼續。」

沒有退路我，只好乖乖實踐師父教的東西。

這個時期我真的很努力。上課的錄音檔反覆聽了好幾次，還跟員工一起實踐。很不可思議的營收漸漸有了成長，本來以為至少要花一年才能達成的數字，半年後就達標。我拿著決算書到東京向師父報告。

「好，你做得很好。你的表情也跟以前判若兩人。茂久，我很想你。嗯嗯，你真的很努力。」

師父的大手用力握著我的手，他不是鬼，他是神。

現在想起來，他教會我怎樣才是真正為部下著想的主管。回想過去那半年，我親身體驗了實踐的重要性，而這應該就是真正為我著想的師父給我的實踐修行期。

「結果不是一切，但是大家都只看結果。很遺憾這世上就是如此。」

俗諺說「良藥苦口」。真正有幫助的話，往往都很難聽或很刺耳。即使當下並不了解，很多時候事後也會明白。

「那時候跟我說的話原來是這個意思。」

這也是我自己實際的體驗。

如果你是個主管，站在指導者的立場時，說些讚美的話應該比較容易，說出不好聽的話則是需要勇氣，但如果你真正愛一個人，有時候可以因為

愛變成鬼，

光對一個人好不會使人成長。重要的事情，就要有不能逃避的覺悟。就像獅子會故意將幼獅推入山谷，做得到這一點才能成為好主管。

新時代主管的條件

最終章

主管的角色改變了

今後的時代，主管該具備的條件和團隊的形式都會產生很大的改變。從主管強力主導的集權型組織，慢慢轉變為全員都各擅其場的曼陀羅型組織，也可以稱為獨立型團隊（spin off）。主管的位置不再是在金字塔的最上層，而是位於類似曼陀羅圖的中央位置，其他成員則以放射狀圍繞在旁邊。

及早意識到這一點的主管，就不會老是想要突顯自己，反而會試著轉變為活化他人的角色。這種團隊的形態很新穎，但卻也是日本自古以來延續至今，某個層面來說最古老的方式。

從十五年前至今，我在廣島一直受到佐佐木茂喜先生的照顧，他是非常了不起的經營者。相信很多人都知道，他的公司就是廣島代表性品牌「Otafuku Sauce」。前陣子我送新書到廣島，一起吃飯的時候，茂喜社長教了我另一種團隊的形式——共同體式經營。

寫這本書遇到煩惱的時候，剛好從茂喜社長那邊得知共同體的思考模式，查詢之後，才發現許多運作良好的公司或組織的主管，幾乎都是採用這種形式。

為什麼集權型組織會退流行，而今後的形式又會如何轉變、還有什麼是「共同體」，接下來就讓我來告訴大家。

【共同體】

提倡此一理論的亨利・明茨伯格（Henry Mintzberg）教授曾說：

「日本的組織因為否定了日本獨特的風格，讓能力主義、個人價值觀為中心的美式領導成為主流，才會喪失最重要的共同體精神。」

一方面，在組織內部晉升的主管，只在乎提高自己的評價，對第一線工作人員漠不關心。另一方面，那些無法晉升的人，因為對自己缺乏自信，也失去工作的動力。

這種經營方式持續下去真的沒問題嗎？

如果不採用這種形式，改用日本自古以來的方法，也就是讓公司內的每個人都擁有自我重要感，彼此互相幫助，協力合作，以創造更好的公司為目標。每個人都是主管，也都是團隊成員，每個人都很清楚公司前進的方向和自己該做的事情，這就是共同體。

我對於明茨伯格教授主張的「共同體型經營」深有同感。而透過自己實踐所創造的組織，堅強穩固的程度就如同這位博士的理論所指出的那樣，我也因為體認到自己所做的事情是正確的，而鬆了一口氣。

一直以來，我最重視的就是團隊成員的幸福。為了要實現這個目標，自然而然就浮現「由內而外」的發想。

尊重成員的同時也能發揮領導力，不論是上司和部屬，都能夠將各自的才能和經驗做最大程度的運用，這就是今後的時代所需要的組織形式。

老天挺你才能當主管

當局者迷，旁觀者清。比起你自己，稍微離你遠一點的人可能更了解你現在所處位置的魅力。

其實不需要特地大老遠出國學習，我們國家的先賢，那些能幹的日本領導人之中，也有許多值得學習的典範。

日本的傳統有相當強烈的共同體信念，主管關愛部屬，而部屬也敬愛主管，同袍之間互信互愛。

書中提到很多次，要重視自己身邊的員工，這點絕對正確，如果做不到就無法成長。

身為主管的你，只要能重視你的員工，給予員工足夠的安全感，就能讓員工在沒有任何不安的狀況下面對顧客，而受到感動的顧客之間便會產生口碑不斷擴散，你的事業就能因此更加壯大。

主管不該被自己的虛榮心所困，不需要勉強擴大公司規模，一定要懂得從第一線找答案，且永遠別忘了自己所站的位置。

主管一個人好處全拿的時代已經結束，即將到來的時代是，假設主管有一筆十萬日圓的意外之財，一定不會全部用在購買自己想要的東西，而是會跟同事去燒肉店同樂。任何人都希望被重視，不管是我或你，還是你身邊的每個人。

今後的成功的關鍵在於「組織內部是否每個人都能發光發熱」，現在已經是從過去重視由上而下的關係，轉變為尋求家族羈絆的時代。

身為主管請務必重視在你身邊半徑三公尺內的人，只要能善待與你相遇的人，對待他們就像對待你的家人、朋友或戀人，那你的周圍就會形成共同體。當你的周圍有越來越多珍視你的人，原本的人才也都會漸漸都變成「人財」。

今後的主管，不能想靠自己的魅力獨撐大局，要能夠創造舞台，讓大家都能上台當主角，換句話說，必須提升「能夠活用每個人」的統籌能力。

如果能成為這樣的主管，即使自己不宣傳，周圍人也都會推崇你、談論你，這些看似微小的口碑不斷累積，慢慢地你就會成為「不說話別人也會跟隨的主管」。

人生在世，絕對無法逆天而行。大自然是世上最強大的力量，若要強加人為的力量，撐不了多久就會崩壞，但是如果你重視員工，重視顧客，老天就會幫你，讓你的組織能夠延續、繁榮。

最後我想說，不管在哪個時代，人們會跟隨的主管都該思考：

「你的行動是否都出自於愛？」

主管這份工作很困難。需要思考很多事情，在員工成長的過程中不斷煩惱。周圍的評價也都會衝著主管而來。但這不光是你個人的問題，不論哪個時代，主管們都會煩惱，會盡最大的努力守護同伴，一路挺過來。

對主管最大的讚美，不是頭銜或勳章，而是部屬或顧客能笑著對你說：「能在你底下工作真好，這家公司有你真好。」

不走捷徑，腳踏實地才是王道。主管們，請走在自己相信的道路上。

這個世界上，沒有什麼比充滿愛的主管更強大。

我希望能對每個人今後的主管人生給予祝福，並將這句話送給大家。

世上最強的力量，
就是「吸引他人追隨的力量」。

後記

主管的工作讓人充滿幹勁，但也確實充滿困難，書中寫的都是我的所見所聞，不過我自己仍有許多不足之處，這次恰巧以「主管」為題，所以就徹底針對主管來寫。

通常我在寫書的時候，會要求自己遵守一些原則，一個是「寫給身邊的某一個人」，另一個則是「除了忠實記下已經實踐的事，寫下來的事情也都要確實實踐」。這是我跟自己的約定，這次的企劃也是針對某一位我希望他讀這本書的主管而寫，相較於理論，更多的內容是我們自己做過的事。

以主管為對象的內容，對不是主管的人而言，可能會覺得很嚴格，但如果這本書是以所有人為對象，很容易就會變成意義不明的作品。世上有各種立場的人，剛到公司的新進員工、中階主管、主婦、上班族、追尋夢想的人，依立場不同，指導方式、傳達的內容當然也都不一樣，這次斷然將內容聚焦在「主管」，希望其他讀者也能夠多多包涵。

我的書長期是由向陽之家出版工作室所製作，團隊成員包含編輯、設計、宣傳及撰稿兼主管的我共有四個人，再加上與配合出版社的編輯、業務共同合作，組成約六七人的專案團隊。

很不可思議的，如果剛開始成員之間缺乏一致的方向，工作就無法順利進行，也做不出好書。值得慶幸的是，最近我的讀者變多了，有部分的理由是因為這些書確實是為了解決讀者問題而寫，但更重要的是因為有一群人我無論如何都希望他們能夠快樂，那就是我的團隊成員。

書即使寫好了，如果沒有團隊互相配合，也無法做出對讀者有幫助的書，如果團隊成員都不能樂在其中，這本《好主管的覺悟》所談的事情，不過是對牛彈琴，但很幸運的，這些事情我都不需要擔心，這次的企劃的合作成員都相當優秀，一起工作非常愉快。

大家在福岡集合，一起討論封面，在我經營的向陽之家邊喝酒邊討論企劃。寫書絕不是單靠作者一個人的力量，是很多人能力與智慧的結晶。

在此借用這個機會，感謝這次企劃的相關人員。

謝謝角川集團中經出版的川金正法BC長提供出版的機會，還有從企劃發想到實現的過程中東奔西走、幫了我最多忙的宮脇智子部長，真的很謝謝你們。這本書花了五年時間才完成，是一場長期的抗戰，非常感謝你們一路陪伴，下次還要一起合作喔！

向陽之家出版工作室的主管青木一弘、設計井上舉聰，很謝謝你們長久以來的協助，未來的路還很長，讓我們一起努力繼續前進。

這次新加入我們團隊的人財育成JAPAN東京廣宣室遠藤勵子小姐，人如其名，總是笑容開朗的鼓勵大家，也謝謝妳的協助。

最後我要由衷感謝總是閱讀我的作品的讀者們，願你們有更快樂的主管人生。

謝謝大家。

在感受到深深秋意的東京品川飯店

永松茂久

主管的覺悟——用最少力氣打造精銳團隊的技術 / 永松茂久著；張佳雯譯 -- 初版 . -- 台北市：時報文化 , 2015.11；　面；
分（人生顧問; 225）譯自：黙っていても人がついてくる リーダーの条件
BN 978-957-13-6454-4（平裝）
企業領導 2. 組織管理
4.2　　104022729

っていても人がついてくる リーダーの条件
AMATTE ITEMO HITO GA TSUITE KURU LEADER NO JOKEN

BN 978-957-13-6454-4
inted in Taiwan.

生顧問 225

子主管的覺悟——用最少力氣打造精銳團隊的技術

っていても人がついてくる リーダーの条件

者　永松茂久｜**譯者**　張佳雯｜**主編**　陳盈華｜**編輯**　林貞嫻｜**美術設計**　Poulenc｜**董事長・總經理**　趙政岷
總編輯　余宜芳｜**出版者**　時報文化出版企業股份有限公司　10803 台北市和平西路三段 240 號 3 樓　**發行專線**—
2)2306-6842　**讀者服務專線**—0800-231-705・(02)2304-7103　**讀者服務傳真**—(02)2304-6858　**郵撥**—19344724 時報文化出
公司　**信箱**—台北郵政 79-99 信箱　**時報悅讀網**—http://www.readingtimes.com.tw｜**法律顧問**　理律法律事務所　陳長
律師、李念祖律師｜**印刷**　勁達印刷有限公司｜**初版一刷**　2015 年 11 月 20 日｜**定價**　新台幣 280 元｜行政院新
局局版北市業字第 80 號｜**版權所有　翻印必究**（缺頁或破損的書，請寄回更換）